べにや長谷川商店の

豆図鑑

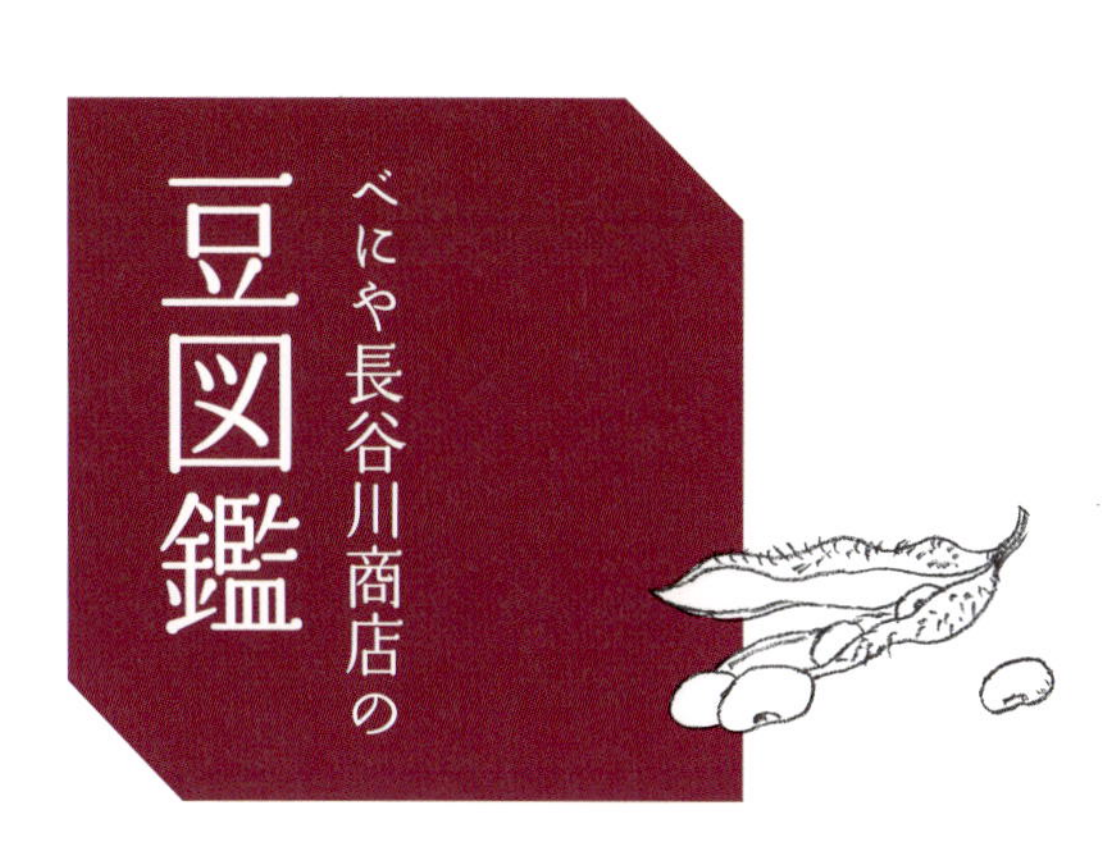

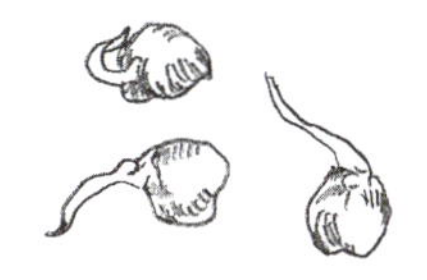

自由国民社

豆は植物の種（たね）
豆は植物の命が
ギュッとつまった宇宙

人間にとって「食べもの」である豆。
しかし豆は生きている植物。
豆は、種（たね）であり、次世代に種の命をつなげる
「生命」そのものなのです。

花が咲き、さやができ、そのなかで眠る豆たち。
やがて、遺伝子と芽を出すための栄養が
たっぷり備わった豆たちは、

乾燥したさやから遠く弾け飛び、
自分たちの命をつなぐ新たなる旅に出るのです。

土に落ちた豆は、
太陽の光、温度、湿度が「その時」になるまで
じっと待ちます。
そして万全のときを迎えるや否や、
えいやっと芽吹くのです。

ふたたび新しい命の、次なる豆の物語が
ここから始まります。

さやのなかは、ふわふわしていて、まるで
お母さんのおなかの胎盤のようです。

さらに、さやのなかで豆は、
へその緒でお母さんとあかちゃんがつながるように、
ひも状の繊維でさやとつながっています。
そこを通して、栄養を蓄えるのです。
さやのなかで、外の世界に出て、

次世代の命を育む準備をしているのです。

それが、植物の営み。
種をつなぐことが、植物の生き方なのです。

さやが乾燥すると、さやの繊維が斜め方向に縮みます。
その縮みでさや全体がひずみ、
限界に達したところで、さやがねじれながらバチッと裂けます。
その反動で、豆はぽーんと遠くまで飛んでいくのです。

野生に近いほど、そのねじれは大きく、大胆。
できるだけ遠くに飛んで、広く種を残そうとする
植物の知恵と力なのでしょう。

さやのねじれは、まるで、
ＤＮＡの二重らせん構造を象徴しているかのよう。
不思議な力を感じます。

豆は、ひと粒、ひと粒、
ほとばしる「生命」で満たされているのです。

7

べにや長谷川商店の豆図鑑　もくじ

第3章
全国各地で出会った在来種手帖
japanese local beans

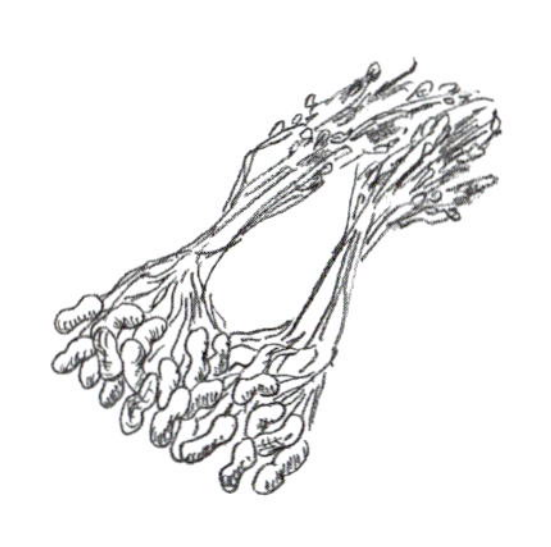

第4章

世界の在来種を訪ねて

local beans of the world

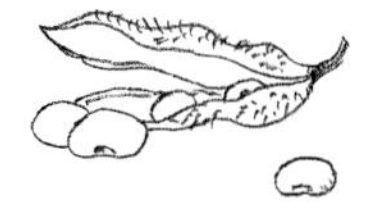

豆の分類早見表

【科】
【属】
【種】
マメ科
インゲンマメ属
いんげんまめ種
金時豆
手亡
うずらまめ
虎豆
大福豆など
べにばないんげんまめ種
白花豆
紫花豆
ダイズ属
だいず種
大豆、黒大豆、赤大豆など
ササゲ属
あずき種
大納言、小豆など
ささげ種
ささげなど
ソラマメ属
そらまめ種
そら豆
エンドウ属
えんどう種
赤えんどう、青えんどうなど
ラッカセイ属
らっかせい種
落花生

第 1 章

豆の基礎知識

chapter

basic of beans

命そのものである「豆」。
私たちはその命を太古からいただいています。
豆がもつそのパワーをおいしく、賢くいただくために、
豆についての基礎知識をみていきましょう。

「豆」の基礎知識

見れば見るほどにカワイイ「豆」。
小さなひと粒には、これから芽を出し、
次なる豆を産む「生命力」が宿っている。だから栄養もいっぱい。
わたしたちの豊かな食生活と健康を支えてくれるのです。

そもそも「豆類」とは?

「豆類」とは、マメ科の植物で種子を食用にするものをいいます。日本でも、むかしから、そのまま、あるいは加工して食べられてきたもので、栄養価の高い食材としてわたしたちの健康を支え、食を豊かにしてくれる身近なものでした。

世界から日本に伝えられた豆類

日本に伝来した豆類は、多くが中国を通じて伝わったといわれています。最初にやってきたのは大豆。弥生時代のことだったとか。それから、小豆、ささげ、えんどう、そら豆、いんげん豆など世界各地の豆が伝わったとされています。ちなみに、大豆の原産地は中国。小豆は東アジア、ささげはアフリカ、えんどうはメソポタミア、そら豆はメソポタミアとも北アフリカともいわれ、いんげん豆は中南米が原産といわれています。

豆がつくる豊かな食卓

むかしから日本の食文化にとって、大きな存在だった豆。ほんのちょっと前までは、各農家が自家用に豆を庭先や田畑の畦(あぜ)で栽培し、そのままゆでて食べたり、毎日のおかずにしたり、自家製味噌をつくったり。豆はおもしろいもので、加工するとさらに栄養価も風味もパワーアップします。それが郷土料理や家庭の味として残され、素晴らしい食文化を紡いできました。まさに豆はスローフードそのものだったのです。

最近では、健康志向の人たちのあいだで、豆のもつ栄養価が見直され、健康食、美容食として注目されています。

豆の分類

豆は、栄養成分からみて、次のように3つのグループに分けられます。それぞれに特徴があり、使われる料理も違ってきます。

炭水化物グループ

炭水化物が50％以上の豆

豆の種類：小豆、ささげ、いんげん豆、そら豆、えんどう豆
特徴：煮くずれしやすく、ふっくらきれいに煮るのがむずかしい。豆の甘み、コクを楽しむ料理に。

たんぱく質グループ

たんぱく質が30％以上の豆

豆の種類：大豆
特徴：煮くずれしにくい。粒のままや、つぶして料理に使ったりする。油で揚げるとアミノ酸が醸成されて旨みを増す。

脂質グループ

脂質が40％以上の豆

豆の種類：落花生
特徴：マメ科の植物だが、日本では種実類に分類。炒ってそのまま食べたり、すりつぶして旨みとコク出しに使う。

在来種とは？

一般に出回り、わたしたちが普段食べている国産豆の大半は「育成品種」と呼ばれるものです。これは、「寒さに強い」とか「収量がある」などの特性をもたせるために、人の手によって品種改良された豆です。

これに対して在来種とは、「固定種の豆」といって、農家が自家採集して数十年にもわたってつくってきた豆のことをいいます。

その家代々、姑から嫁へ、あるいはご近所さんから「この豆はおいしいよ」と譲り受け、毎年種をとっては育ててきたもので、その家々はもちろん、地域の食と密接につながっています。

遠い地から、または海外から入ってきた豆は、長い年月を経て、その土地や気候風土に適応しようと豆自身が変容し、ようやくその「土地の豆」になっていきました。一般に「地豆」とも呼ばれているこの在来種の豆は、ふくよかで滋味深い味で、厳しい自然淘汰を経ただけあって、色、かたち、どれをとっても生命力にあふれています。

いまではつくり手も減り、希少品種となってしまいました。同時に、地方のベテラン農家や小さな種苗会社が培ってきた品種の育て方や種取りの技術、知恵も衰退の一途をたどっています。

豆料理の基本

豆料理、とくに乾燥した豆の料理は
面倒だと思っている人もいるのではないでしょうか？
そんなことはありません。ちょっとした「下準備」があるだけ。
ここでは、豆を料理に使うまでの基本的なプロセスを紹介。

新豆の時期

品種によって新豆の時期は異なりますが、日本では一般的に、10〜12月が新豆の時期とされます。新豆は皮がやわらかく、煮える時間が早い一方、煮くずれしてしまい、プロでも扱いがむずかしいものもあります。

よい豆の選び方

よい豆は、しっかりした重みと手応えがあります。張りのある豆は、ふっくらと均一に煮え、上品なつやもあります。しわの寄った豆は「石豆」とも呼ばれ、いくら煮てもやわらかくなりません。皮なしの豆は、しわの寄る皮がないので、あまり神経質にならなくても大丈夫です。

また、磨き処理をしたピカピカ光った豆がありますが、こうした豆よりも本来のすこしくすんだ色合いの豆のほうが、風味があっておいしいものです。

道の駅や直販所、朝市マルシェなど農家が直接卸したり売ったりしているところで新鮮でおいしい豆が手に入ります。

とはいえ、2年以上前の豆でなければ、たいていはやわらかく煮えるので、あまり神経質になることはありません。

「ひね豆」とは？

収穫して1年以上たった豆を「ひね豆」といいます。これは、煮上がったときの味が深くて濃いという特徴があります。料理のプロは、あえてひね豆を使う場合も多いようです。しかし、新豆よりも皮がかたく、煮えるまでに時間がかかるという短所もあります。

収穫後2年間は、あまり大きな変化はありませんが、白い豆はそれ以降茶色に変色してきます。長めにしっかりと水でもどしてからゆでると、おいしくふっくらになります。

また、ひね豆と新豆はゆで上がる時間が異なり、煮えむらの原因にもなるので、べつべつにゆでましょう。

ひね豆のゆで方

ひね豆は、水に対して0.5パーセントの塩を入れた水でもどし、ひと晩おいて、新しい水に替えてゆでます。また、もどした豆を一度炒ってからゆでるというやり方もあります。

豆料理の基本的な流れ

豆によって、もどしたり、そのまま調理したり、ゆでずに炒って使ったりと下準備もさまざまです。

例えば、洗い方。ボウルに豆を入れて、やさしく、そしてさっと混ぜながら、2～3回、水を替えて洗いますが、皮なしの豆は、表面のでんぷん質が流れ出るのを防ぐために洗いません（気になるようなら、さっと洗って、すぐ料理する）。

一般的には、豆によって下の図のような下準備の違いがあります。

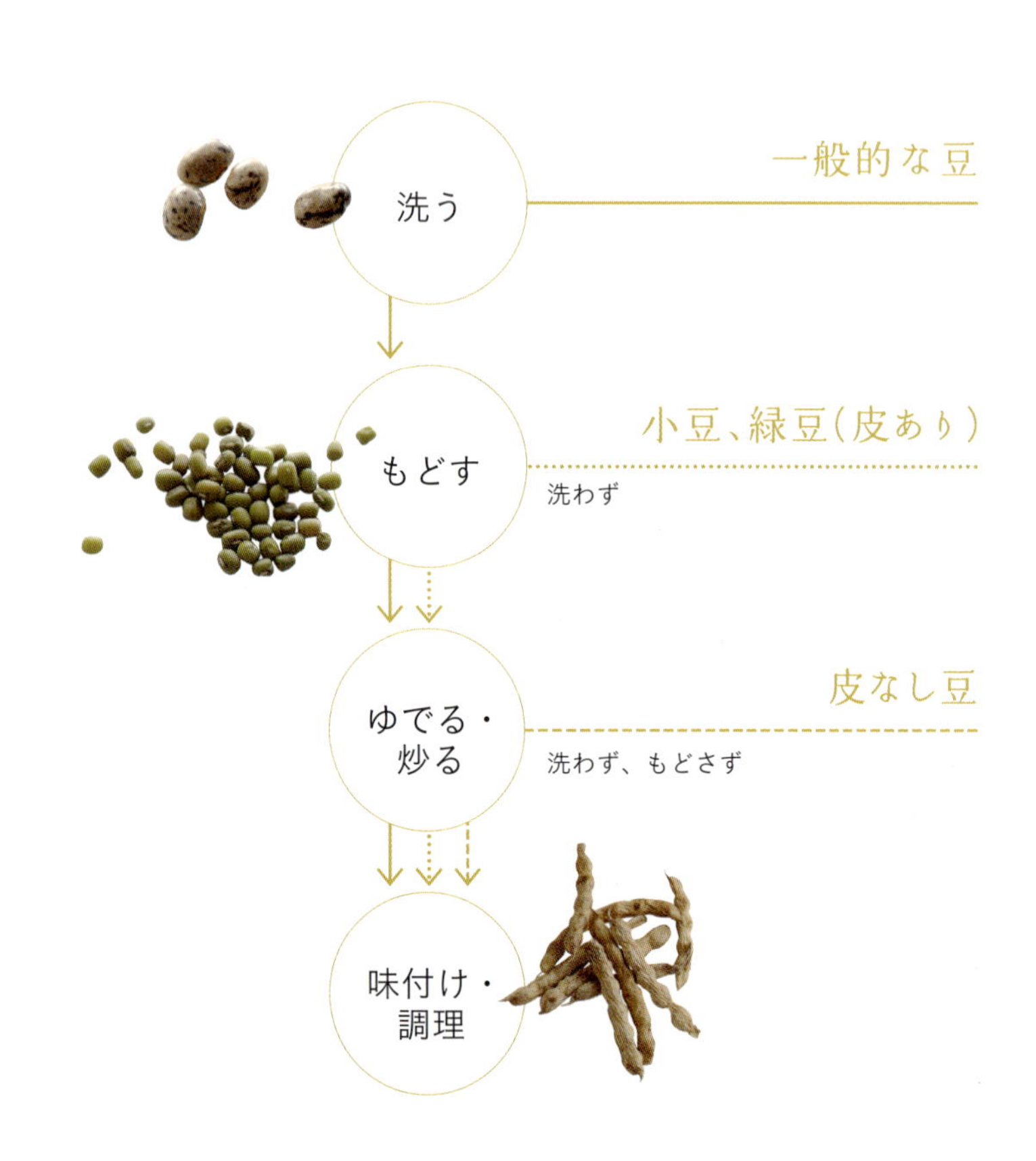

もどし方

一般的な豆は、ゆでる前に水でもどします。洗った豆の水を切り、豆の3〜4倍の水にひと晩浸けます。豆にしわがなく、ふっくらしたらOKです。

急いでいるときやひね豆は、熱湯でもどすこともあります。洗って水を切った豆をできるだけ蓄熱性の高い鍋やボウルに入れて、沸騰したお湯（豆の3〜4倍）を注ぎ、しっかりふたをします。豆の大きさにもよりますが、2〜3時間でもどります。

まめも

もどしSOS

ひと晩水でもどしてもまだしわが寄っていたら？　こんな場合は、いったん水を捨てて、熱湯でもどすとふっくらします。また、もどしの時間が長すぎると、かえって皮が裂け、煮くずれの原因にもなるので要注意です。

ゆで方 ①

一般的な豆の場合は、もどした豆を鍋に入れ、豆より3～4センチ上まで水を入れて、最初は強火にかけます。沸騰したら、豆が踊らないように弱火でコトコトと、やわらかくなるまでゆでます。

ゆでているあいだは、豆がつねに水に隠れている状態をキープします。水が少なくなったら、「差し水」をします。差し水はぬるま湯がよいでしょう。また、豆の表面が空気に触れて皮がはがれたり、しわが寄ったりしないように、落としぶたや半紙、キッチンペーパーをかぶせるなどしましょう。

もどした水ですが、ゆでるときに使ってもいいですし、使わなくてもいいです。この水には、サポニンやタンニンなどの渋み成分が溶け出ていますが、同時にビタミン、食物繊維など水溶性の栄養も溶け出ています。両方の味を試してみて、好みのほうでゆでてください。

また、乾燥豆には有毒成分が含まれているものもあり、生食はできません。しかし、それも加熱すれは消滅するので、少なくとも15〜20分は火を入れましょう。

　皮なしの豆の場合も基本的に同じゆで方です。しかし、火の通りがよいので、あっという間にゆで上がります。焦げないように、差し水をしながら多めの水をキープできるよう気をつけましょう。

　ゆでた豆は冷蔵庫に入れて、1〜2日中に食べ切ってください。とくに味付けしていない豆は足が早いので気をつけましょう。

「ゆでこぼし」とは？

　ゆでるとき、沸騰して湯がにごってきたら、ゆで汁を半分捨てて、あらたに水を入れるゆで方です。模様のある豆に、その色や模様を少しでも残すためにするゆで方です。何度もゆでこぼしをすると、豆の風味がなくなるので要注意。

ゆで方 ②

土鍋でゆでる、圧力鍋でゆでる

土鍋でゆでる場合は、鍋の余熱でゆっくり煮えるので、煮くずれを防ぐためにも、ややかための状態で火をとめます。

圧力鍋の場合は、圧がかかるまで強火で、その後、圧のかかった状態で弱火にして数分、あとは火をとめ置いてゆで上がりを待ちます。

しかし、失敗しないためには、圧力鍋でかためにゆでて（圧がかかってから弱火で煮る時間を短くする）、そのあと、圧なしで弱火でゆでるほうがよいでしょう。豆の種類や状態、さらに圧力鍋の種類で、水の量と弱火でゆでる時間は変わってきます。以下は、目安にしてください。

- **一般の豆**　豆の3～4倍の水
  圧がかかってから3～5分
- **もどさない豆**　豆の4～5倍の水
  圧がかかってから15～20分
- **皮なしの豆**　圧力鍋には向きません

煮えむらSOS

煮えむらがあるときは、ひと晩塩水に浸け、翌日新しい水にとりかえてゆでましょう。

ゆで汁は捨てないで！

ゆで汁には、豆の栄養がそうとう含まれています。ペーストにするときのゆるさの調整に、ご飯を炊いたりパンの生地をつくるときの水がわり、ドレッシングやドリンクに使いましょう。また海外では、豆をゆでこぼしすることはほとんどなく、ゆで汁はスープに使ったりします。

時間がないあなた

差し水に気を使ったり、豆をゆでる時間がないという人におすすめは「細切れにゆでる」方法です。例えば、朝、鍋を火にかけて沸騰したら弱火で10分。帰宅後15分、寝る前にまたゆでる……など、細切れに空いた時間を利用して火を入れてみてください。その場合は、土鍋や蓄熱効果の高い厚手の鍋がいいでしょう。急いでゆでるよりふっくら仕上がりますよ。

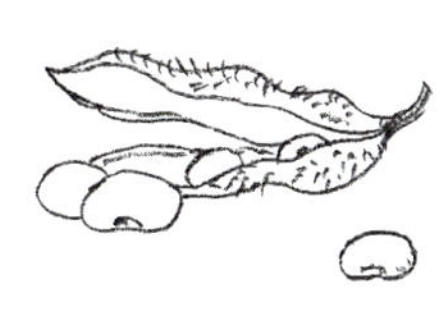

炒り方

大豆類や落花生は、乾燥豆を炒ってそのまま食べられます。料理に使っても、芳ばしさ、食感などが楽しめます。炒りたての豆を熱々の調味液に入れると、ジュッと一気に味がしみ込み、即席の豆料理ができます。

フライパンで炒る場合は、豆を入れたら中火にかけます。焦がさないようにフライパンをゆすりながら炒ります。皮が割れて、なかが少し見えてきたらできあがりです。

オーブンの場合は、天板にオーブンシートをしき、豆を置き、180度に温めたオーブンに入れて、まずは15分、足りなければさらに焼きます。

いずれも皮なしの豆の場合、焦げやすいので注意してください。

保存方法

もっとも鮮度を保てる豆の保存方法は、乾燥豆を冷凍する方法です。冷凍がむずかしい場合は、紙袋や缶などに入れて、15度以下で冷蔵しましょう。

保存の際、新豆とひね豆を混ぜてしまうと、それぞれの煮える時間が違い（ひね豆は、水に浸ける時間、煮えるまでの時間が長い）、煮えむらの原因となるので別に保存しましょう。また、湿気は豆の大敵なので、なるべく梅雨をこさないうちに使い切るほうがいいでしょう。

その他の保存方法

- **水でもどした豆を汁を切ってから冷凍**
  使うときは、水を加え、ゆでる。
- **かためにゆでて、ゆで汁を切って冷凍**
  味は付けずに、小分けに保存。
- **汁気を切ったゆで豆を粗くつぶして冷凍**
  ほかの食材と混ぜて使うときつくっておくと便利。
- **ピューレにして冷凍**
  ピューレは、汁気を切ったゆでた豆をつぶし、裏ごしして皮をとりのぞいてつくる。

まめも

虫がわいてしまったら!?

豆は生き物。虫がわいたり、カビがはえたりすることもあります。

もし虫がわいてしまったら、天日で3～4日干して虫を逃がし、さらに虫が食っている豆は捨てます。残りの豆をきれいに水で洗い、ひと晩水に浸します。浮いてきた豆は虫が食っているので、それも捨てましょう。

むかしの人の知恵として、虫がわかないように鷹の爪を入れて保存しておくのもよいでしょう。

世界一
ささげ
大豆
桑の木ブロウ

第 ② 章

豆手帖

一般の豆から在来種まで

chapter
beans note

「豆」は一種一種、さらにはひと粒ひと粒に、個性があり、
それぞれがもつ独特の表情があります。
豆はマメ科に属する植物で、さまざまな「属」、それから「種」に分類されます。
植物としての豆の表情、
そして人間とのかかわり＝「食」としての豆をみていきましょう。

…在来種を意味します。

インゲンマメ属

インゲンマメ属は、いんげんまめ種とべにばないんげん種に分けられます。べにばないんげんは「花豆（はなまめ）」ともいわれ、これは、白花豆と紫花豆に分けられます。いんげんまめは、金時豆、手亡、うずら豆、虎豆、大福豆などに分かれ、いちばん種類が多く、その姿もバラエティに富み、在来種も多く存在します。ここでは主に北海道でとれる豆を紹介します。

いんげん豆の代表

金時豆

インゲンマメ属
いんげんまめ種

日本で多く栽培されているいんげん豆で、「赤いんげん」とも呼ばれています。主な金時豆に北海道産の「大正金時」「福良金時」などがあります。粒が大きく煮くずれしにくいので、煮豆はもちろん、チリコンカン、サラダ、パンに入れてもおいしい豆です。北海道では赤飯の豆としてささげの代わりに使われています。

本金時

自家採取で100年近くつくりつづけられている北海道ではいちばん古い金時豆。サラッとしていて、煮豆にするとあっさりした煮豆に仕上がり、またほかの豆よりも長くもつといわれ、本金時を好んで煮豆に使う農家もいます。天候や土壌によって豆の出来が違ってくる気難しい農家泣かせの豆ともいわれています。

前川金時

昭和30年ごろは、北海道全体で3000ヘクタールを超える作付け面積があった品種。その後、新品種に取って代わられ、いまや幻の豆となってしまいました。風味豊かでコクのある深い味わいが特徴。煮くずれしにくいうえ、ホクホクした食感なので、煮豆、パン、ケーキやゼリーなどにとてもよく合います。また、炊き込みご飯との相性もよく、「玄米には前川金時」といわれてもいます。北海道東部の郷土料理「ばたばた焼き」には、この前川金時とその濃厚な煮汁が欠かせません。

おいしい食べ方

和洋問わず煮込み料理に

前川金時

白あんの材料

手亡（てぼう）

インゲンマメ属
いんげんまめ種

明治時代に北海道の十勝地方で栽培されたのが始まりといわれている「手亡」。白金時や大福豆とともに「白いんげん」とも呼ばれます。在来種に大手亡や銀手亡、栽培種では姫手亡や絹手亡などがあります。

おいしい食べ方

白あん

つぶしてコロッケに

さやに入った手亡

農家のあいだで大人気 ざ

白金時

インゲンマメ属
いんげんまめ種

むかしは手亡と同じく白あんの原料として使われていましたが、現在ではほとんど流通していない「白金時」。「福白金時」「大正白金時」などの品種があります。つる性の白金時の小粒版がさや豆として各地でつくられており、種実は皮が薄く、とろけるようにやわらかく煮えることから、さやも種実もおいしいと日本各地の農家のあいだでは人気の豆です。虎豆に似たしっとりした食感とあっさりした淡泊な味が特徴。

おいしい食べ方

煮豆

クリーミーな豆 ざ

土幌（とほろ）いんげん

インゲンマメ属
いんげんまめ種

へそのまわりに一部斑紋がある偏斑紋種で、北海道では「土幌いんげん」「姉っ子豆」、長野では「まだら金時」と呼ばれています。白地なので、煮るとあっさりしたクリーミーな味わい。

おいしい食べ方

煮くずしてポタージュスープのだしやコク出しとして

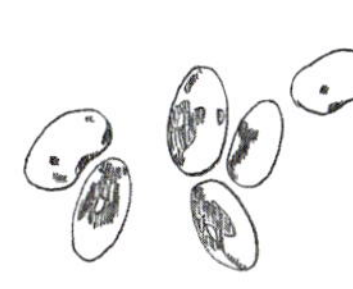

高級菜豆

大福豆

インゲンマメ属
いんげんまめ種

味もよく、栽培にたいへん手がかかるため、高級な豆として扱われている「大福豆」。近畿や九州地方では、おせち料理の豆きんとんの材料としても使われています。和菓子や甘納豆、煮豆に使われます。
ヨーロッパの白いんげん豆にもっとも近く、とろけるような皮のやわらかさが特徴です。

おいしい食べ方

あん

肉との煮込み

収量のある豆

マンズナル

インゲンマメ属
いんげんまめ種

東北地方の在来種「マンズナル」は収量のある豆で、秋田弁で「とてもたくさんとれる」という意味からこの名前がついたといわれます。カシューナッツよりもひとまわり小さく、皮がやわらかく、火も早く通ります。若さやもおいしく、よく食べられています。ヨーロッパでポピュラーな白いんげんと呼ばれる豆と同類で、煮込みやスープの材料に使われます。写真は、北海道の南、厚沢部（あっさべ）町の農家から入手。

おいしい食べ方
スープ
すりつぶしてディップに
若さやのお煮しめ・和え物

若さやもおいしい

黒マンズ

インゲンマメ属
いんげんまめ種

マンズナルと同形の黒い豆。皮がやわらかく、煮るとおいしいことから、自家用に北海道遠軽近郊の農家がつくったといわれています。もともとは、秋田など東北地方の豆と思われます。若さやもおいしいと評判の豆です。

おいしい食べ方
肉との煮込み
甘煮
若さやのお煮しめ・和え物

ふっくら美味

真珠豆

インゲンマメ属
いんげんまめ種

ほかのさや豆と違い、なかの身がぷっくりしてきてもおいしいと農家では人気の豆。取材したのは、北海道幕別の90代のおばあちゃんが、自家用に毎年つくっている豆。真珠のように透明感があり、あっさりした味が特徴。皮もやわらかく、煮汁も透明。

おいしい食べ方
野菜や肉との煮込み
すりつぶしてポタージュに
若さやのお煮しめ・和え物

平譯キクノさん（大正10年生まれ）の所有豆。高知県長岡郡大豊町のたまご不老とうりふたつ。平譯さんはこれをお煮しめにして食べることが多いそうです

ホクホク豆

うずら豆

インゲンマメ属
いんげんまめ種

うずらの卵の模様に似ていることからこの名前がつきました。むかしから煮豆や甘納豆の豆として知られています。北海道のうずら豆はでんぷん質が豊富でホクホクしています。関東では煮豆といえば金時かうずら豆でつくる人が多いようです。

おいしい食べ方
ピラフに投入
サラダや和え物に
煮豆

さやのなかで発芽してしまったうずら豆。完熟した豆は命を次につなぐのが使命。温度と湿度が整えば、すぐに命のリレーが始まります。たとえそれがさやのなかであろうとも

70代以上に人気の豆

ビルマ豆

インゲンマメ属
いんげんまめ種

むかし小豆が不作だった年、小豆の代わりにあんの原料に使われていた「ビルマ豆」。冷害や台風などどんな天候でも生き延びる生命力のある豆で、収量もとても多く、「ばかみたいにとれる」ことから「ばか豆」とも呼ばれています。ビルマ豆ご飯、ビルマ豆の塩あん入りそば団子は、米がとれなかったころの北海道の貴重なおやつでした。野趣あふれる存在感と個性ある味と食感で、当時の味を知る70代以上にファンの多い豆です。

おいしい食べ方

塩あん

豆ご飯

めでたい紅白の豆

紅しぼり

インゲンマメ属
いんげんまめ種

赤と白の模様がめでたいことから、むかしからお祝いのときに食べられていた「紅しぼり」。別名「おいらん豆」ともいわれていました。むかしはもっぱら煮豆が主流でしたが、あっさりした味なので米といっしょに炊いても、煮込みに入れてもほかの素材とうまく調和する優秀な豆です。丹波種の紅しぼりはカシューナッツのようなかたちをしています。

おいしい食べ方
煮豆
ピクルス

実が入って、完熟までもうひと息という時期に長雨に当たり病気になってしまった紅しぼり。北海道で9月の長雨は、豆にとって命にかかわる脅威なのです

小粒だけどコクあり

ざ

さくら豆

インゲンマメ属
いんげんまめ種

北海道の南、厚沢部（あっさべ）町の農家が代々つくっていた在来種。入植のとき東北地方からもってきたものだろうといわれていますが、詳細は不明。大豆と同じ丸い形状をしていますが、いんげんの仲間です。皮がやわらかく、コクがあります。ボリビアの山あいの農家でつくられていたボラロッハという豆と、ひとまわり小さくはありますが同じ形状でした。

おいしい食べ方

ゆでてそのまま

煮豆

とろける豆

茶色いんげん

インゲンマメ属
いんげんまめ種

薄いココア色のナッツのようなかたちをした「茶色いんげん」。来歴は不明ですが、ヨーロッパではこの豆の色違いのものをよく見かけます。いずれも皮が薄く透明感があり、とろけるようにやわらかいのが特徴です。日本は甘い煮豆に使われますが、海外では肉や野菜と煮込んでメインディッシュとともに食されます。また、若さやを野菜として利用するのは日本も海外も共通しています。

おいしい食べ方
下ゆでしてご飯といっしょに炊く
肉との煮込み

深い味わい

黒いんげん

インゲンマメ属
いんげんまめ種

深みのある真っ黒な色の「黒いんげん」。豆の芽の付近にえくぼのような点が2つあるものとないものがあります。えくぼがあるほうは、十勝地方では「くり豆」と呼ばれ、知る人ぞ知る人気の豆です。甘納豆にするとおいしいといわれています。えくぼのないほうは、あるほうに比べてひとまわり小さく、さやも食べられます。豆、煮汁ともに濃い味が特徴です。

おいしい食べ方

煮豆

若さやのお煮しめ

いんげん豆の王様

虎豆

インゲンマメ属
いんげんまめ種

北海道産の「虎豆」は、いんげん豆の王様です。皮がたいへん薄く煮豆にして食べると、とろけるような食感が特徴でだれをも魅了します。ゆでた虎豆をご飯にかけて食べるという、虎豆をこよなく愛するフレンチのシェフもいます。

おいしい食べ方

ペーストにしてパスタのソースやディップに
マッシュにしてポタージュに
ゆで上がりに塩を振ってそのまま食べる

長寿の豆

パンダ豆

インゲンマメ属
いんげんまめ種

虎豆のように黒い斑紋があることから「パンダ豆」「黒虎」と呼ばれています。日本各地で自家用につくられていて、地方の道の駅や直売所などでも見かけます。豆はゆでてホクホク感を味わうのもよいですが、若さやは筋がなく、煮るとやわらかいのに煮くずれしにくく、むっちりしているので農家ではその食感と味を好む人が多いようです。長寿の女性が常食にしているとしてテレビで取り上げられてから知名度が上がりました。

おいしい食べ方

ゆで上がりに塩を振ってそのまま食べる

煮豆

ゆでた若さやの和え物

なめらかな舌触り

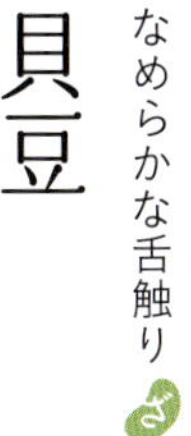

貝豆

インゲンマメ属
いんげんまめ種

豆の模様が貝殻の斑紋に似ていることから「貝豆」と名づけられました。「貝殻豆」とも呼ばれています。北海道各地で見られる豆で、若さやのときゆでてお煮しめにしたり、酢味噌和えなどにして食べられています。あんにするとあっさりした味わいで、クリーミーな舌触りが特徴です。

おいしい食べ方

ペーストにしてオリーブオイル、にんにく、塩、コショウで味付けしてディップに

貝豆の花

貝豆のさや

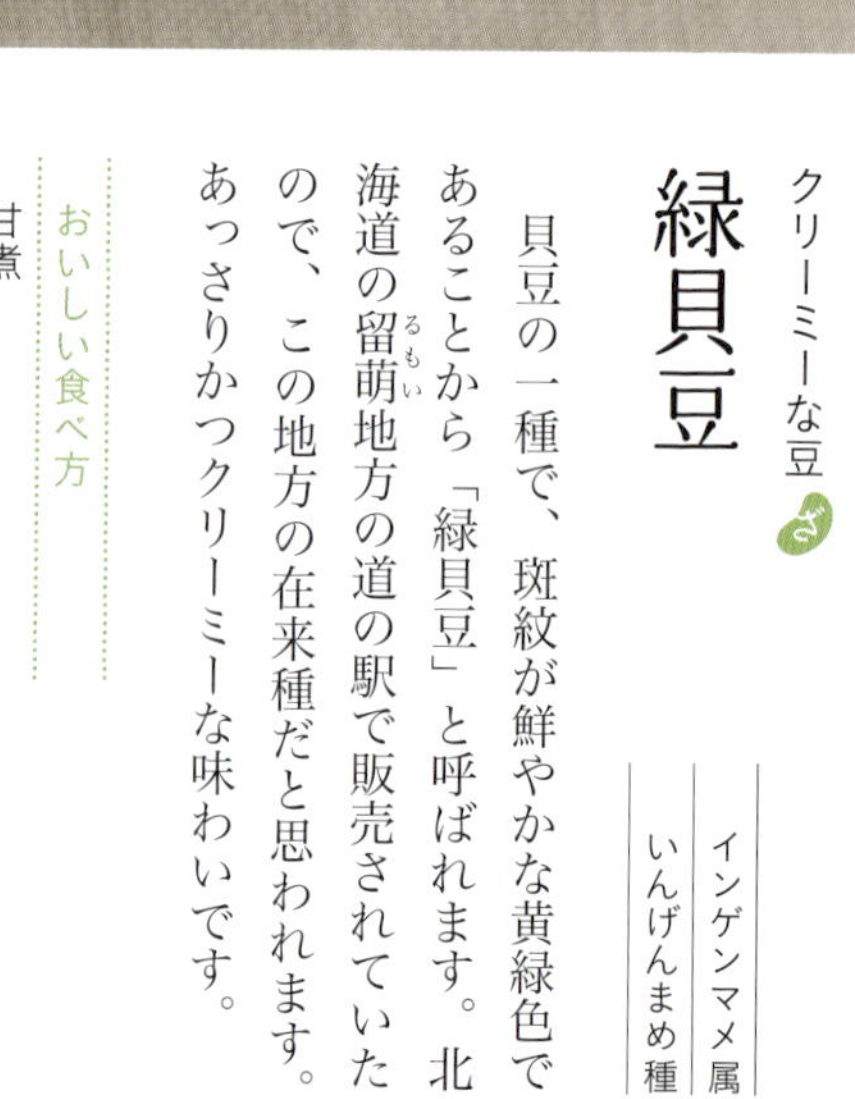

クリーミーな豆

緑貝豆

インゲンマメ属
いんげんまめ種

貝豆の一種で、斑紋が鮮やかな黄緑色であることから「緑貝豆」と呼ばれます。北海道の留萌（るもい）地方の道の駅で販売されていたので、この地方の在来種だと思われます。あっさりかつクリーミーな味わいです。

おいしい食べ方

- 甘煮
- ディップ
- ポタージュスープ

おかず豆

栗いんげん

インゲンマメ属
いんげんまめ種

若さやを目的に栽培する農家は、さやに筋がなく肉厚のものを好みます。その代表格がこの「栗いんげん」です。さやごとゆでて、酢味噌和えなどご飯のおかずとして食べられていたことから、「おかず豆」ともいわれています。さやがおいしい豆は種実もおいしく、乾燥させて煮豆にして食べることも多いようです。煮上がりも早くホクホクしています。クリーミーでコクがあり使いやすい豆です。

おいしい食べ方

煮くずしてミネストローネやポタージュ
マッシュしてコロッケの具材に

花も豆も美しい

紫花豆

インゲンマメ属
べにばないんげんまめ種

「紫花豆」は、白花豆と同類で、きれいな赤い花が咲くので「赤花」ともいわれています。豆も紫と黒が混ざったような模様です。明治時代に栽培が始まって以来、いまだ品種改良されずに流通しています。北海道産は小ぶりですが皮がやわらかく、ホックリしています。花豆ご飯、花豆ケーキに使われています。

群馬県や長野県の高原豆といわれる紫花豆は、北海道からわたったものといわれています。ひとまわり大きいのが特徴です。

おいしい食べ方

甘煮

豆ご飯

ユニーク

おかめ豆

インゲンマメ属
いんげんまめ種

平たいかたちと斑紋が特徴の「おかめ豆」。「どじょういんげん」と呼ぶ地域もあります。若さやのときに野菜としてゆでて食べ、残った豆は乾燥させ、保存食として食べられています。ややコクのある豆です。

おいしい食べ方

若さやのお煮しめ・和え物

紫花豆

いんげん豆の代表

白花豆（しろはなまめ）

インゲンマメ属
べにばないんげんまめ種

粒が大きく皮が厚い「白花豆」は、「白いんげん」や「白ささげ」と同属ですが、ひとまわり大きいのが特徴です。ホクホクした食感で、正月の高級総菜としてきんとんに使われたり、現在では、白花豆コロッケにして北海道北見地方の特産加工品になったり、学校給食に取り入れられたりもしています。

おいしい食べ方
甘煮
野菜や肉との煮込み

世界一

べにばないんげんの在来種で、新潟では「世界一」、長野では「ぺちゃ豆」、山形、群馬では「ライ豆」、そしてベトナムでは「王様豆」、原産地中米では「リマ豆」と呼ばれています。粒は大きいですが厚みがないため早く火が通ります。新潟県妙高高原や山形県最上地方では甘醤油で味付けしたものが、おかずやお茶請けとして供されます。ベトナムではチェーという冷たいぜんざいに甘く煮た王様豆が入っています。

中生白花豆

べにばないんげんの仲間で、「白花豆」の一種。一般に出まわっている「白花っ娘」「大白花豆」よりもやや小ぶりです。皮がやわらかく豆の風味がしっかりして、栗のようにホクホクしています。最近では北海道の遠軽近郊の農家でしかこの豆をつくる人がいなくなってしまいました。

さやに入った白花豆

豆を使った豊かな地域食 1

前川金時

土の上で
発芽する金時

湿った土と適度な温度。しめたといわんばかりに、元気に芽を出しました。ほんとうは、土をかぶっていないといけないのですが

色づき
はじめた金時

まるであかちゃんがお母さんとへその緒でつながっているみたい。栄養いっぱいすくすく育ちますように

前川金時の羊羹

むかしもいまも農家では、割れ豆や小粒など規格外の豆を自家用で食べる習わしがあります。見栄えが多少悪くとも、煮ると良品と変わらないおいしさ。豆は見かけによりません

本金時の所有者、
北海道遠軽町の服部行夫さん

金時豆入り炊き込みご飯

米と豆の食べ合わせは日本の伝統食の定番です。必須アミノ酸が過不足なくバランスよくとれるからです。白米が貴重だったそのむかし、「かて飯」といって、豆や雑穀、いも、かぼちゃ、菜っ葉など、米以外の材料を入れてかさ増しご飯を食べていたものです

さやに入った
ビルマ豆

ビルマ豆のそば団子

ビルマ豆の塩あん入りのそば団子は、米がとれなかったころの北海道の貴重なおやつでした

ばたばた焼き

前川金時とその濃厚な煮汁が欠かせない北海道道東の郷土料理

栗いんげん

栗いんげんの
ニンニクオイル和え

洋風の料理にも栗いんげんはよくあい、用いられます

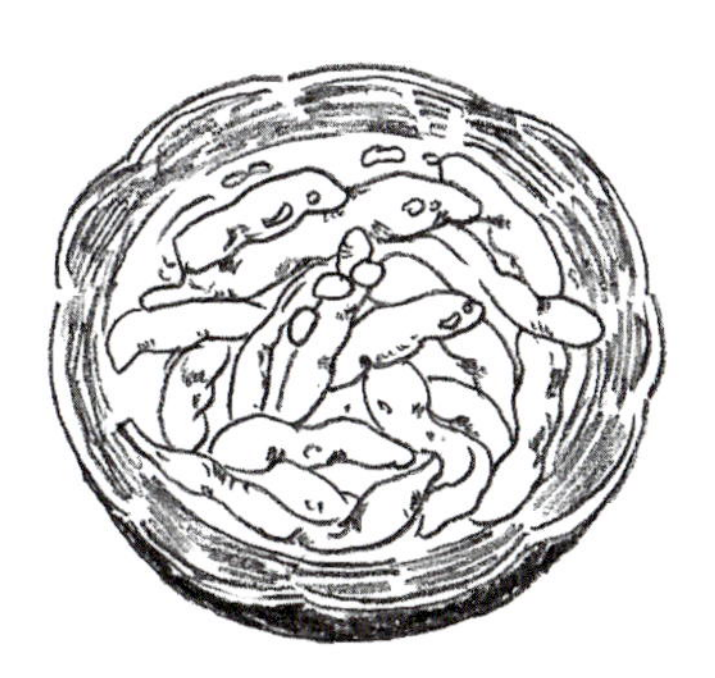

栗いんげんの
酢味噌和え

さやごとゆでて酢味噌和えに。筋がなく肉厚のさや、鮮やかな色合いなどから食卓で大活躍

ダイズ属 だいず種

いまもむかしも日本を含むアジアでは、貴重なたんぱく源として食卓に欠かせない大豆。夏の若いときは枝豆、完熟して大豆となります。乾燥した大豆は、人体に有害な物質が含まれていて、生では食べられません。加熱して食するほか、先人の知恵として、納豆、醤油、味噌など、大豆の発酵食品が生み出され、食卓がより豊かになりました。

何にでも活用される万能豆

大豆（黄大豆）

ダイズ属
だいず種

弥生時代初期に、大陸から日本に伝えられたといわれる「大豆」。いまでも全国各地で栽培されています。大豆は熟した豆の色で種類が分けられ、黒、赤、青、茶、黄のなかで、わたしたちがもっとも目にするのが「黄大豆」です。味噌、醤油、納豆、豆腐、大豆油の原料に使われる万能豆でもあります。生産量の多い北海道では、甘みとコクが特徴の「トヨマサリ」「ユキホマレ」という品種が主につくられ、加工食品の原料として広く使われています。また、煮てフードプロセッサーでつぶして大豆ハンバーグにしたり、大豆クッキーなどのお菓子の材料にしたり、一般家庭でも活用できる手軽な豆です。

そのほかの在来種
- 津久井在来
- 秩父在来
- 借金なし

おいしい食べ方
煮豆
納豆、豆腐、味噌などの加工品

煮豆の王様

黒豆（黒大豆）

ダイズ属
だいず種

大豆のなかでも、黒色や濃い紫色をした大豆のことを一般的に「黒豆（黒大豆）」といいます。ふっくらつやつやのおせち料理の一品「黒豆」にもこの豆が使われます。抗酸化作用の高いアントシアニンが多く含まれ、アンチエイジングや眼精疲労の回復に効果があるといわれています。豆だけではなく、煮汁をそのまま飲んだり、黒豆ゼリーにしたりなど、あますことなく使えます。

兵庫県の丹波地方でつくられる在来種「丹波黒（たんばぐろ）」は、大粒で風味がよく、煮豆の高級食材として用いられます。また北海道産の「祝黒（いわいくろ）」は、しっかりとした食感と甘みがあり、煮ても皮が破れにくく、さらに名称もめでたいので、正月の煮豆用や豆菓子として重宝されています。

そのほかの在来種

- 川北黒
- 波部黒
- 雁喰

黒千石大豆（くろせんごくだいず）

小粒で病気に強く、皮は黒く、中身は緑色の珍しい豆。減反の田んぼで、麦の輪作作物として作付けされ、古くは緑肥作物や馬の飼料として栽培されていました。時とともに栽培されなくなった品種です。ところが、抗がん作用、抗アレルギーに関与する成分があると発表されたとたんに注目され、いまや黒千石大豆茶、納豆などいろいろな加工品が出まわるようになりました。黒豆よりも味が濃く、炒って米といっしょに炊くと香ばしい紫色の豆ご飯ができます。煮豆や豆餅の材料として使われています。

おいしい食べ方

煮豆

炒って米といっしょに炊く

自家製味噌の横綱

青大豆

ダイズ属
だいず種

緑色をした大豆（乾燥時）で、ゆでると鮮やかな緑色になる「青大豆」。色が美しくコクがあるため、うぐいす色の豆乳やおからをつくったり豆腐に加工したり、また、甘みが強いので、豆菓子やきな粉に用いたりしてきました。東北や中部地方の郷土料理「ひたし豆」にはこの豆が使われます。

なかでも北海道の在来種「石狩緑」は、風味がよく、きな粉や豆腐はもちろん、味噌の原料にされてきました。在来種の青大豆は、その名に地名や個人の名前がつくほど、地域の農家により選抜され、長くつくり継がれてきた、その土地独自の品種が多い豆です。「家の味噌には、この（自家採取してきた）青大豆で」と自家製味噌に使う農家も多く、青大豆でつくられた味噌の風味は横綱級です。

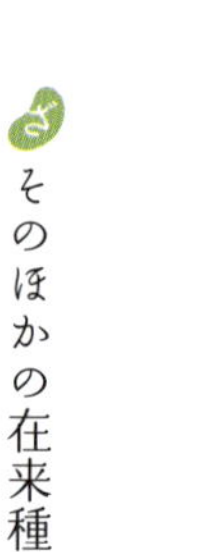

そのほかの在来種

- 青ばこ豆
- 箕田在来

おいしい食べ方

昆布の含め煮、ひたし豆
酢大豆やゆでたものを、彩りとしてサラダのトッピングに

青大豆のひたし豆

美しい色でお菓子に重宝

赤大豆

ダイズ属
だいず種

完熟期に表皮が赤くなる「赤大豆」。中身は白く、栽培方法も一般の大豆と同じです。三重県や福井県、岡山県、山形県など日本の一部でつくられている在来種で、山形県東置賜郡川西町産のものは「紅大豆」と呼ばれ、ブランド化されています。濃厚な甘みとコクが特徴で、煮豆や甘納豆、また淡いピンク色の豆腐、豆乳、ゆば、おからができ、目も楽しませてくれます。赤い色素はアントシアニンで、抗酸化作用の高い豆といわれます。

おいしい食べ方
煮汁が赤いので赤飯に
すりつぶしてクッキーやケーキに

間作大豆（納豆大豆）

むかし、田んぼの畦(あぜ)で栽培していたので、「間作大豆」という名がつきました。大豆を植えることで、根粒菌の窒素が田んぼにゆきわたり、肥料にもなりました。
また、小ぶりなので「納豆大豆」とも呼ばれ、納豆にも使われています。味が濃く、存在感のある豆で、天ぷら、ディップ、豆ご飯、豆腐など豆を味わう料理に向いています。

鞍掛豆(くらかけまめ)

東北や関東甲信越でよく見かける「鞍掛豆」は、馬の鞍に似ていることからこの名前がついたといわれています。茨城県常陸太田市の道の駅では「海苔豆」の名称で売られていました。醤油味のひたし豆にする

と海苔の味がするからだとか。また山形県最上地方では「七里香ばし」と呼ばれ、七里（約28キロ）離れたところでも香りがするたとえからきています。それほど香りがよい豆なのです。

醤油との相性がよく、どの地方でもたいてい甘醤油に浸けて食べられています。またかためにゆでて、酢とめんつゆでひと晩浸けたひたし豆は、おかずやお茶請けの定番になっています。山形県では、数の子を入れたこのひたし豆は正月料理に欠かせないものです。また、長野県の信州新町の直売所にあった「信濃鞍掛」という在来種は、ほかと比べてつやがあり模様が鮮明。やはりこのひたし豆も古くから地元で食べられているものです。

上・数の子入りひたし豆。山形の正月には欠かせない一品。日常のひたし豆に数の子が入るだけで、ハレの日の食へと華やかに変身します
下・うっすら色づきはじめた鞍掛豆

ふくよかな香り豆

茶大豆（茶豆）

ダイズ属
だいず種

若さやのときの毛の色、さやから外したとき豆粒を薄く覆っている皮の色が茶色い「茶大豆」。北海道では8月のお盆のころ枝豆として食され、それが残ると乾燥させて乾物の豆を保存食としました。濃厚な甘みと強い香りが特徴。山形県の「だだちゃ豆」、新潟県の「黒崎茶豆」などの在来種があります。ほかにも、日本各地で名もなき茶豆の在来種をよく見かけます。

おいしい食べ方

枝豆

豆を使った豊かな地域食 2

大豆

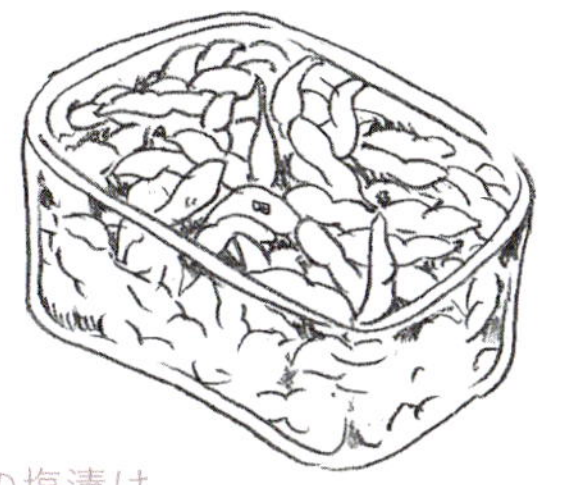

枝豆の塩漬け

枝豆の旬は短く、たくさんとれたときは塩に漬けて保存食にします。これは北海道南部、函館近郊のおかん作。青森県でも毛豆の塩蔵があり、ぶくぶく発酵して酸味がありました。皮のなかの実だけを食べます

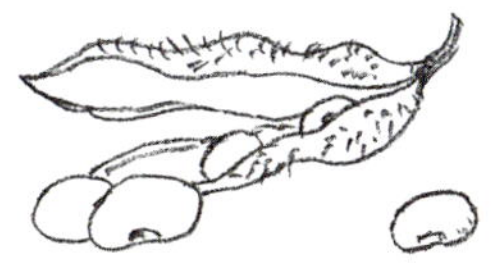

黒大豆

青大豆

青大豆入り福神漬け

色鮮やかな青大豆が食欲をそそります

黒豆完熟！

このように完熟すると種を飛ばそうと、さやにひねりが入ってきます。大規模農家は、種が弾けると収穫が大変なので、その前に一気に機械で刈り取っていきます

黒豆餅

少なくなりましたが、年の暮れ北海道遠軽町ではいまなお杵と臼で餅をつく農家があり、毎年黒豆の豆餅をつくっています

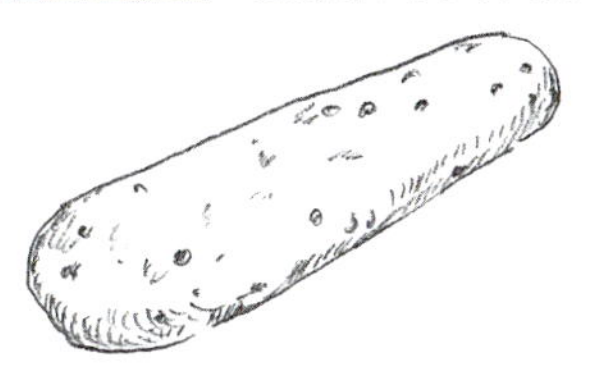

ササゲ属 あずき種・ささげ種

ササゲ属は、あずきとささげに分類されます。
さらにあずきは、大納言とあずきに分けられます。
赤い色が邪気を払うともいわれ、赤飯やおはぎなど、
ハレの日の料理に使われています。

ササゲ属
あずき種

大納言（だいなごん）

大粒なのに風味も香りも優秀

正しくは「大納言小豆」と呼ばれる小豆の仲間で、小豆よりも大粒の品種です。煮ても腹割れしにくいことから、切腹とは縁のない公家にたとえられ、「大納言」と名づけられたといわれています。かつては中納言、少納言と呼ばれていた品種もありました。

北海道の「あかね大納言」「ほくと大納言」「とよみ大納言」、兵庫県の「丹波大納言」、京都の「京都大納言」などがあり、甘納豆やあんの原料として使われています。

そのほかの在来種
- 春日黒莢大納言
- 正和在来大納言

おいしい食べ方
豆粒をそのまま生かした菓子

年中行事に用いられるハレの日の豆

小豆

ササゲ属
あずき種

古くから日本人の暮らしのなかにあった身近で馴染みのある豆。厄除けや祝いごとなど年中行事に用いられてきました。
最近の和菓子ブームや小豆入りのアイスバー人気に加え、ポリフェノールの含有量が豊富で抗酸化作用も高く、健康志向の観点からも再度注目されています。

おいしい食べ方
あんこ、汁粉
赤飯

えりも小豆

北海道産の「えりも小豆」は、寒さに強く、品質、姿の美しい小豆の代表品種です。さらに収量、あんにしたときの歩留り（ぶどまり）ともにピカ一で、昭和56年に作付けが始まって以来、いまでも根強い人気です。炭水化物といっしょにとると、必須アミノ酸がバランスよく体内に吸収されるので、おはぎや餅、赤飯などは合理的な食べ方です。腎臓にやさしく、むくみがあるときに、塩少々で味付けしたゆで小豆を食べるとよいといわれています。

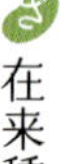

在来種
●だに小豆
●畦小豆
●花嫁小豆

強くてたくましい豆 ざ

黒小豆（くろしょうず）

ササゲ属
あずき種

まさに黒色の小豆で、一般的な小豆より濃厚な味ですが、やや風味が劣るといわれている「黒小豆」。黒小豆と呼ばれていながら、実は黒いんげんや、黒ささげの場合も多々見受けられます。北海道では羊羹にしたり、赤飯にして食べる習慣があるようです。またむかしは、もやしにしていたともいわれます。環境適応力に優れ、比較的どんな環境でも育つ強さがあります。

おいしい食べ方

あん

豆ご飯

最高級品の白あん

白小豆（しろしょうず）

ササゲ属
あずき種

独特のあっさりした食感なのに、深みのある風味で、白あんの材料として使われる「白小豆」。白小豆１００パーセントのあんは最高級品として重宝されています。北海道の「きたほたる」、岡山県の「備中白小豆」は希少品種となっています。

ざ そのほかの在来種

●安富大粒白

おいしい食べ方

白あん

ぜんざい

存在感のある豆

十六ささげ

ササゲ属
ささげ種

ひとさやに16粒の実が入ることから「十六ささげ」という名前がついたといわれています。日本各地にこの名前でいろいろな在来種があります。小豆との違いは、芽に一部黒いところがあることです。存在感のある豆で、炒めたり煮たりしても姿かたちがくずれにくく、風味のある豆です。

　若さやを野菜として食べる食べ方と、さやを乾燥させてその実を食べるという2通りがあります。北海道では、収穫時期と重なることもあって、むかしからお盆にお供えするお煮しめの材料に使われてきました。そのほか、さやごとゆでておひたしにしたり、酢味噌和えにしたり、味噌汁の具にしたり、もっぱら若さやを野菜として食べる地方が多いようです。

おいしい食べ方

若さやの炒め物
赤飯

そのほかの在来種

- 備中だるまささげ
- やっこささげ
- 黒種十六ささげ
- 柊野ささげ
- 檜原ささげ
- 黒三尺

そら豆

ビタミンが豊富で「若返りの豆」ともいわれている栄養価の高い豆。野菜としては、出まわる時期も限られていて、「季節」や「旬」を感じさせてくれる貴重品種。

季節の人気者

そら豆

ソラマメ属
そらまめ種

日本では野菜として食されることの多い「そら豆」。甘みがあり、ゆでるとホクホクした食感で人気の豆です。完熟した豆は、煮豆やおたふく豆、山形の名菓「富貴豆」などの材料に使われています。また、乾燥したそら豆を油で揚げた豆菓子は日本でも海外でも定番のおつまみとして人気です。中国では、調味料の豆板醤の原料として使われています。

愛媛県の在来種「清水一寸そら豆」は、3センチほどもある大粒の豆で、最近では希少品種になってしまいました。

おいしい食べ方
塩ゆで
煮豆
素揚げ

えんどう

紀元前7000年〜6000年ごろのメソポタミア起源の豆。乾燥したえんどう豆には青えんどうと赤えんどうの2種があります。

ポクポクした食感

赤えんどう

エンドウ属
えんどう種

青えんどうに対して、完熟した豆の皮が赤茶色のものが「赤えんどう」です。日本では主に豆菓子、みつ豆、豆大福、さらに炒って粉にしたものが落雁（らくがん）の材料に使われています。ポクポクした食感としっかりした皮のコクが特徴。

おいしい食べ方
塩ゆでしてそのままおつまみに
マッシュにしてコロッケに

成長段階でその名も変わる

青えんどう

エンドウ属
えんどう種

たんぱく質、カロテン（カロチン）の含有量が多い「青えんどう」。成長段階で呼び名が変わり、若い未熟のさやが「さやえんどう」、実が青く熟したものが「グリーンピース」、完熟後乾燥させたものが「青えんどう」です。さやえんどうやグリーンピースは野菜として食べられます。乾燥した青えんどうは、乾燥豆としてはやわらかいので、煮豆、炒り豆、お菓子の原料として利用されます。うぐいすあんの原料でもあります。また、えんどう豆をフライにしたスナック菓子は世界中の人々から親しまれています。在来種では北海道の「富良野在来」などがあります。

おいしい食べ方
ゆでて塩を振るだけでホクホクしていておいしい、豆ご飯

青えんどう（左）　赤えんどう（右）

落花生（らっかせい）

「南京豆」の異名をもつ落花生。
マメ科の植物なのに、日本では栄養成分的に
種実類に分類されています。

世界では油糧作物、国内では食品用

落花生

ラッカセイ属
らっかせい種

千葉県を中心に関東以西で栽培されている「落花生」。原産地は南米アンデス山麓と考えられ、日本には江戸時代に中国から伝えられました。風味、味ともに豊かな落花生は、さやつき・なし、皮つき・なしなどいろいろなかたちで、ゆでたり、蒸したり、ペーストにして加工されたりしています。

おいしい食べ方

生を塩ゆで
豆ご飯
炒り豆

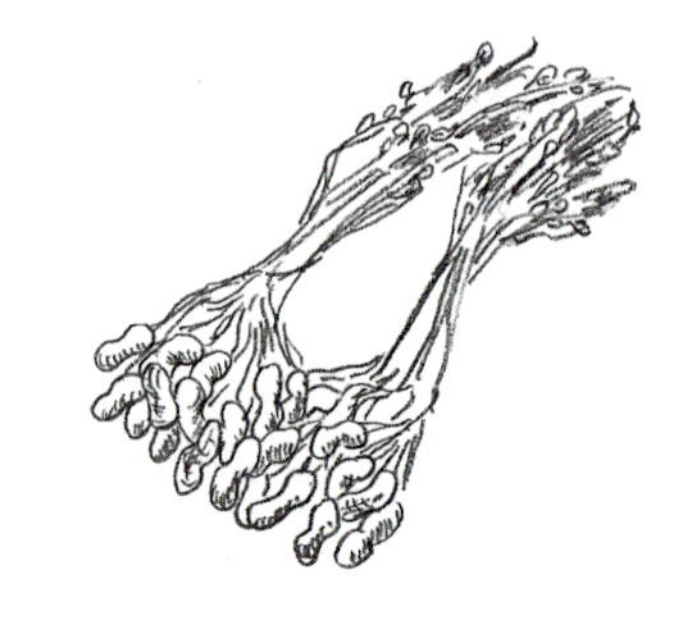

豆を使った豊かな地域食 3

小豆

小豆と根菜の汁もの

甘くしない小豆の食べ方の一例。かぼちゃと小豆のいとこ煮しかり、小豆と根菜の相性はとてもよいのです。これは北海道旭川農村女性グループ主催の食の催しで出品されていたなかのひとつ。さまざまな地元食材を使った料理が盛りだくさんでした

小豆餅

餅のなかに小豆あんを入れる、外につける、家庭によって違いがあります。つきたての餅に自家製の小豆あんをまぶして豪快に食べる。手づくりでしか味わえない食べ方かもしれません

黒小豆の赤飯

きれいなピンクに発色しているのは、梅干しを入れているから。黒小豆のアントシアニンと梅干しの酸が反応したためです。黒豆ゼリーをつくるとき、レモンを入れるときれいなボルドー色になるのと同じ理屈です。旭川の農家のおかん作

十六ささげの赤飯

腹割れしないので赤飯にはおすすめです。かためにゆでることがポイント。また、煮汁でもち米を浸水させると、上品な色合いの赤飯になります

小豆ぜんざい

宮崎県えびの市、鬼川直也さんのおかん作。すっきりした透明感のある洗練された仕上がりになるのは、さすが白小豆。手亡や大福豆ではこのすっきり感は出せません

＼その①／

種まき

北海道ではかっこうが鳴いたら種をまきはじめます。５月の遅霜を避け、６月半ばまでにはまき終わります。直播、ポットで芽出し、まき方は農家によって違いますが、ポットのほうが発芽が確実とのことです。

発芽後、双葉が出ます。その後、成長が進み、つぼみができ花が咲きます。花が咲いたら蛇も通すなといわれるくらい、新たな命を宿す、豆にとっていちばん敏感で大切なときを迎えます。ただ、在来種は栽培種のように開花が一斉に始まりません。台風、干ばつ、低温などさまざまな自然がもたらす猛威が襲ってきても、つぼみのままなら耐え忍ぶことができるから、開花の時期をずらすことで生き残ろうとします。開花がバラバラだということは、結実もバラバラ、そしてその後の完熟もバラバラ。したがって収穫も一斉にすませることができにくくなるわけです。農家にとっては、融通のきかない頑固者という存在でしょうが、生き物としてみたら、生き抜く術を備えたかなりの賢者。見習わなくてはいけません。

（101頁につづく）

すくすく成長、そして開花

発芽後、双葉が出ました

北海道遠軽町
前川金時
山形県長井市
馬のかみしめ
秋田県湯沢市
てんこ小豆
新潟県中魚沼郡
雪割り豆
群馬県利根郡
桑の木ブロウ
茨城県常陸太田市
パンダ豆
埼玉県比企郡
青山在来大豆
沖縄県八重山地方
小浜大豆(クモーマミ)
岐阜県山県市
桑の木豆

第 ③ 章

全国各地で出会った 在来種手帖

ニッポン列島在来種行脚

chapter

japanese local beans

その土地の農家の庭先や、畑と畑の間につくられている在来種。
代々その家に受け継がれてきた豆、
「おいしいから」と近所から種子をもらい受けてつくった豆、
自分たちが食べる分だけ種子をとって育ててきた豆――
さまざまなかたちで各地に残る在来種。
さあ、ニッポン列島在来種の旅に出発！
その地域独特の豆、そして独特の食文化に出会えます。

熊本県上益城郡
黒ピーナッツ

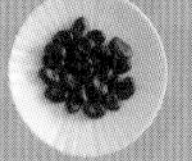

宮崎県都城市
赤そら豆

高知県長岡郡大豊町
銀不老

秋田県

湯沢市雄勝(おがち)地区

小野小町誕生の地といわれ、「あきたこまち」の由来の地。秋田県の南、栗駒山の西に位置し、山、渓谷、滝、湖が点在する自然豊かな地域。

ササゲ属
ささげ種
煮くずれしにくい

てんこ小豆(角小豆)

秋田県湯沢市雄勝(おがち)地区の在来黒ささげの「てんこ小豆」(「角小豆」とも呼ばれます)。名に「小豆」とついていますが、ささげの一種です。天を向いてさやがつくこと、それが角のように見えることから、これらの名前がつきました。皮が小豆よりもしっかりしていて、腹割れしにくく、この地域の赤飯には、この豆が使われることが多いようです。その際、豆の煮汁で数時間もち米をひたし、色をつけますが、てんこ小豆に含まれるアントシアニンの紫色によってシックな赤飯ができ上がります。仏事にもこの豆が使われますが、煮たてんこ小豆をおこわに混ぜるため、おこわは赤くはならず白いままです。

またこの地方は、調味料に砂糖を使うため、ほんのり甘い赤飯になります。

ぼこまめ

新潟県長岡市中潟周辺の農家で自家用につくりつづけられてきた落花生。ぼこまめの「ぼこ」は蚕（カイコ）の繭（まゆ）の意。殻が繭に似ていることからこの名前がつきました。成りがよく、ひとつのさやに4粒入っていることから4粒落花生ともいわれています。一般の落花生よりもひとまわり小さい品種でバレンシア型、スパニッシュ型に属しますが来歴は不明。戦争で中国へ赴いた帰還兵により種がもちこまれ、この地域で栽培が始まったのではないかと考えられています。味が凝縮され、おいしいという農家が数軒いたことから、かろうじて種が守られてきました。むかしもいまももっぱら、炒ってそのまま食べることが多く、料理ではすりつぶして和え物に使われています。

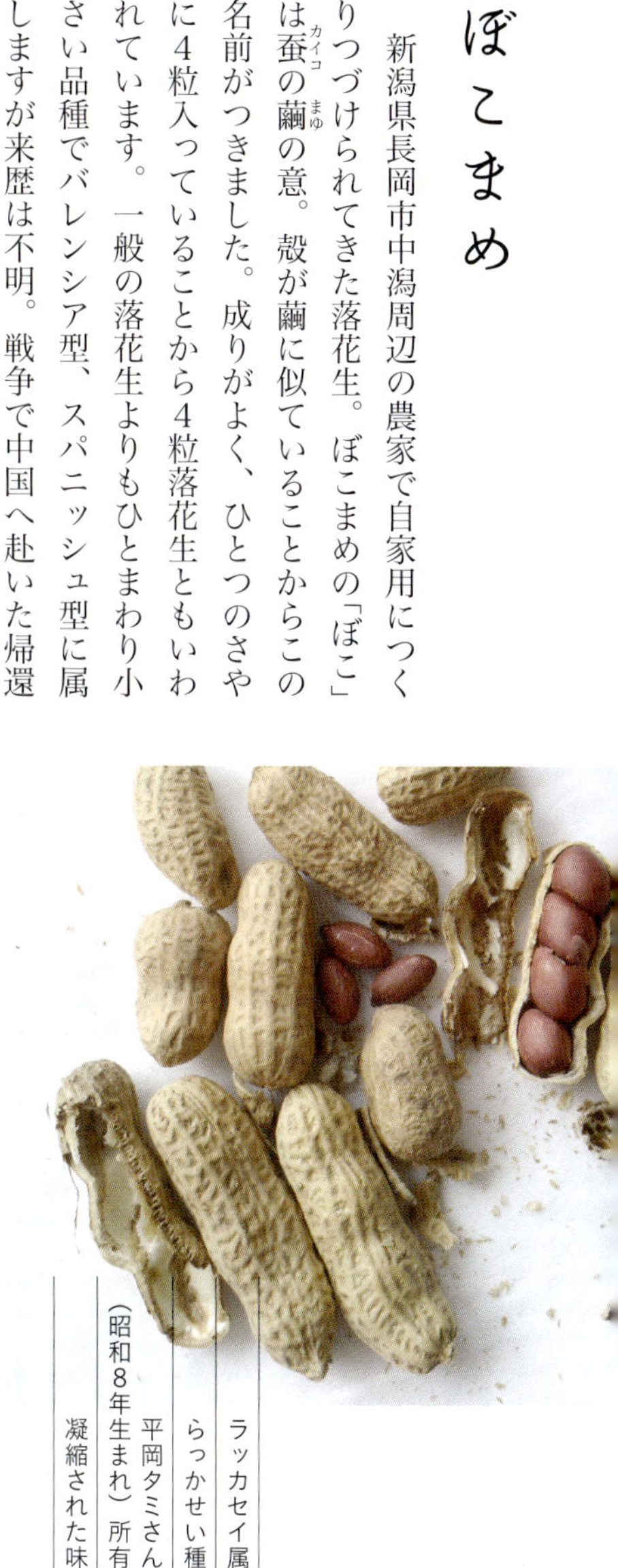

ラッカセイ属
らっかせい種
平岡タミさん（昭和8年生まれ）所有
凝縮された味

新潟県
長岡市・中魚沼郡

新潟県の中越に位置する長岡、魚沼。豊かな信濃川流域にあり、「米どころ＝新潟」の代表的エリア。魚沼はコシヒカリの産地として有名。

インゲンマメ属
いんげんまめ種
保坂ヨネさん
（昭和7年生まれ）所有
マイルド

雪割り豆

新潟県中魚沼郡津南町で入手。いんげん系の金時豆のひとつで、一般の北海道産金時よりもひとまわり小さい。8月のお盆前に収穫できるよう、雪がまだ積もるなか除雪して種をまくことから、この名前がつきました。収穫後は大根など別の作物を栽培できるので合理的な栽培体系です。赤飯の豆として使われています。津南町では赤い赤飯ですが、新潟県の別の地方では、豆は金時でも色付けに煮汁は使わず、醤油を少々入れた赤くない薄茶の赤飯があります。

郷土食「やしょうま」

やしょうまとは、2月15日または3月15日のお釈迦様の亡くなった日の涅槃会（ねはんえ）で食べる細長い上新粉餅のこと。保坂ヨネさんはこれをハナクソ団子と呼び、黒豆を入れてつくっていました。うるち米7：もち米3とゆでた黒豆に水を加え、こねてお釈迦様の耳や鼻のかたちに成形しひと晩置いてから蒸してできあがり。鼻のかたちに見立てて、その名前がついたのだと思われますが詳細は不明。このように、やしょうまは地域によって呼び名が異なりとてもユニークです。

まめも

煮てもなお、透明感のあるさや、なかの種実が美しい

数少ないつくり手のひとり荒木タツ子さんは、漆野いんげん料理の名手で、甘煮をつくらせたら右に出るものはいないといわれています。また、煮汁をこして、隠し味に醤油を加えて固めた寒天寄せは、味はもちろん、水晶のような透明感のある美しさで、まさに芸術品です。

荒木タツ子さん

漆野いんげんの甘醤油煮

漆野いんげんの寒天寄せ

山形県
最上郡・長井市

奥羽山系に囲まれ、巨木を育む里地里山。自然と一体となった独自の伝承文化を大切に育んできた地域。いま、山形県では、伝統野菜を県をあげて推奨している。

漆野いんげん

山形県最上郡金山町漆野地区の在来種のいんげん豆。豆を天日乾燥させたのち、さやから種実をとらず、さやごともどし煮にして、ザラメと塩で味付けをします。岐阜県の「桑の木豆」と同様、若さやも野菜として食べます。「漆野いんげん」の場合、栽培時に支柱は不要。桑の木豆とは背丈、さや、豆の模様も異なり、料理に醤油は使わないなどの違いはありますが、乾燥したさやを食べるという点は、わたしが日本で取材したなかではこの2例だけでした。

インゲンマメ属
いんげんまめ種
荒木タツ子さん
（昭和16年生まれ）所有
乾燥してもさやごと食べる

弥四郎ささぎ

インゲンマメ属
いんげんまめ種
高橋好子さん所有
シャキシャキの
若さやを野菜感覚で

山形県最上郡真室川町の在来種。もとは、真室川町川舟沢の佐藤弥四郎家で代々つくり継がれてきた豆ということで「弥四郎ささぎ」という名前がついたとか。「茶ささぎ」ともいわれ、北海道では「茶色いんげん」がこれに当たります。主に若さやを野菜として調理することが多く、素揚げした熱々のささぎを生姜醤油で食べると、シャキシャキした食感で絶品です。

紅虎豆

インゲンマメ属
いんげんまめ種
高橋好子さん所有
ホクホク感

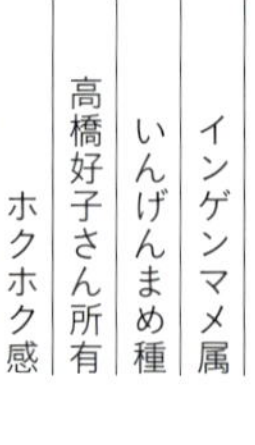

虎豆、パンダ豆の紅色版です。高橋好子さんが十数年間つくっており、「どこかの直売所で購入した」のが始まりだそうです。この地域では煮豆が主な食べ方ですが、さやも食べるとか。

まめも

おばけ煎餅

おばけみたいに見えるからこの名前がついたのでしょう。蒸したもち米をつき、つき終わったところへ砂糖、卵、重層を混ぜて生地をつくり、油で揚げてできあがり。量、入れるタイミングなど、熟練を要する見た目とは裏腹になかなかむずかしいむかしのおやつです。おいしさはもちろん、口に入れた瞬間、シュワッと煎餅が溶け出す食感がやめられない止まらない。絶品でした。

馬のかみしめ

- ダイズ属
- だいず種
- 遠藤マサさん（昭和4年生まれ）所有
- かみしめるごとに風味広がる

遠藤マサさん

山形県長井市伊佐沢地区でつくられてきた在来の青大豆。扁平で、緑の地に薄緑のかすかな斑紋があるのが特徴です。それが馬の歯型の痕のように見えるのでこの名前がつきました。かたゆでを食べると、かみしめるごとに、しっかりした食感と豆の風味が実感できます。まさに淘汰に耐え生き残ってきた在来種としての風格を感じます。夏はこの枝豆を、秋には種実を保存。つくり手は季節の移り変わりをこの豆で感じたことでしょう。

まめとらむ　山形県

郷土料理を支える「馬のかみしめ」

この豆の枝豆をすりつぶし砂糖と塩で味付けし、さやいんげんの細切りを加えた「じんだん」。そして種実を水でもどし、しっかり水を切ったのち低温でじっくり素揚げしたものに、味噌、砂糖、水を混ぜ、火にかけ表面がカリカリになるまでからめた「豆の味噌揚げ」。これらは日常食として、つくり食べられてきました。

また正月の「数の子入りひたし豆」「嫁取りの振る舞い」「厄払いの豆蒸かし」などは、ハレ食として振る舞われました。どちらも暮らしのなかのあらゆる場面で、豆が必要とされ生かされてきたものです。

もめん豆腐

つまようじに刺せるほど超大粒の納豆

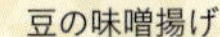
豆の味噌揚げ

じんだん和え

数の子入りひたし豆

野生種の大豆と小豆

大豆の野生種「ツルマメ」は、さやの長さがわずか2~3センチ、粒も約5ミリほど。大豆と知らなければ見逃してしまうとても小さな実をつけます。水田の畦や河川敷の日当たりのよい場所に自生しています。皮が厚く、たんぱく質が50パーセント以上あるものもあり、一般の大豆の40パーセントと比較すると高たんぱくなのです。

小豆の野生種「ヤブツルアズキ」も極小です。さやが裂開して種が地表に落ちるときのさやの巻きの入り方が大きく、遠くに飛ばそうとしているのがよくわかります。

また野生種は遺伝的特性の宝庫で、栽培種より環境適応能力があります。つまり、劣悪な条件にも耐える力があるため品種改良の素材として重要な資源なのです。

ツルマメの新芽を水にさし、日当たりのよい場所に置いておいたら成長していました。たくましき生命力

ヤブツルアズキ

茨城県①

那珂市鴻巣、芳野集落

平坦な那珂台地による畑作地帯と、久慈川、那珂川という一級河川が流れる水田地帯が広がる那珂市。農作物の豊かな地域である。

白黒小豆

ササゲ属
ささげ種
田中ハツエさん（昭和22年生まれ）所有
白黒がユニーク

収量があり、煮ると黒が赤っぽくなり、おこわの豆に使われていた豆。以前、田中ハツエさんは、72歳で亡くなった近所の女性から種を譲り受けてつくっていたそうです。しかし、最近栽培をやめてしまい、取材時には、かろうじて冷蔵庫で眠っていた豆を出してくれました。茨城県の一部では、仏事に「白蒸（しろふ）かし」といって、おこわに白いんげんを入れる風習があります。この豆をつくっていた家系では、法要にこの白黒小豆を入れていたのかもしれません。

ささげ

代々数十年にわたってつくっているというささげ。一般のささげよりも色薄だが味がよいようです。7月の種まき後、収穫は11月と晩生ですが、ほかの作物の収穫期とぶつからないので、つくりやすいのだとか。茨城県那珂市鴻巣、芳野集落では、赤飯にささげが欠かせないことから、農家は必ず自家用にささげをつくっているようです。

ササゲ属
ささげ種
田中ハツエさん
（昭和22年生まれ）所有
風味豊か

まめも

岩手緑と茨城青ブレンド豆腐と味噌

一般的に、青大豆は豆腐にも味噌にも美味といわれます。「ふれあいファーム芳野」では生産者手づくりの豆腐や味噌が商品化され、大人気になっています。淡い青色が目を引き青大豆ならではの甘みが特徴です。

もともと青大豆は日本各地でつくられ、さらにその家々で色鮮やかで味のよい在来種がつくり継がれ、さまざまな加工品、保存食が誕生してきました。大豆圏日本の食の豊かさを象徴するようです。

青大豆からつくられた「ふれあいファーム芳野」の味噌

茨城県の郷土料理「そぼろ納豆」

納豆に細かく刻んだ切り干し大根を入れる茨城県の郷土料理「そぼろ納豆」。ゆでた大豆に切り干し大根、塩、大豆の煮汁を加え、びんに入れて保存します。

むかしは「藁づと納豆」といって、藁に自生する枯草菌から自家用に納豆をつくっていましたが、たまに糸引きの悪い納豆ができてしまったとき、このそぼろ納豆をつくったそうです。いうなれば〝出来損ない納豆の有効活用〟ともいえますね。このそぼろ納豆、いまは醤油味が主流ですが、むかしは塩味だったようです。

細かく刻んだ切り干し大根が入った「そぼろ納豆」。茨城県の名産

茨城県②

常陸太田市

南北に長いこの地域には3つの川が流れ、背後には中山間地域、久慈川との合流地域には沖積平野が広がる。それぞれに多様な顔をみせるエリアである。

インゲンマメ属
いんげんまめ種
豊田幸子さん（昭和18年生まれ）所有
若さやに黒い斜線

里川豆（珍々豆）

茨城県常陸太田周辺の農家豊田幸子さんが93歳になるお母様から譲り受けてつくりつづけているいんげん系の豆。若さやに黒の斜線が入っています。夏はさやをお煮しめにして食べ、残りは乾燥させて種実を煮豆で食べます。実が入りすぎるとかたくなってしまうので食べごろは短いとか。いちばん先に栄養がいき、よい実をつけることから、下のほうの成りの早い実が種にされます。

ササゲ属
ささげ種
菊池しづゑさん
（昭和5年生まれ）所有
むかしは赤飯に

黒ささげ

茨城県常陸太田周辺、菊池しづゑさんのご主人のお母様の代からつくられていた豆。いま85歳のお嫁さんがつくりつないでいます。

むかしは黒い豆の入った赤飯を祝儀のとき食べたというとてもユニークな食文化の地域です。湯こぼしをし、かために煮た豆をもち米と一緒に蒸すと、きれいな紫色になることから、赤飯にこの黒ささげを使っていたそうです。しかし最近では赤いささげに取って代わられてしまったようです。6月10日ごろに種をまき、9月中旬に収穫されます。在来種は開花や結実がバラバラなので実が入った順から手で収穫されます。

ユニークな下処理法「余投げ（よなげ）」

茨城県常陸太田市周辺では、小豆やささげの選別前の下処理法がとてもユニーク。

まず豆をさっと水洗いして、浮いてきたゴミや虫食いを取り除くことを、「余投げ」と呼んでいます。余投げした豆はしっかり天日干しにしてから一升びんに入れて保管すると虫がつきにくいといわれています。選別が楽になる合理的な方法ですが、これができるのは、豆の皮から水を吸収しにくい小豆、ささげに限定されます。ほかの豆では水を吸って膨張してしまうので要注意！

赤なた豆

インゲンマメ属
いんげんまめ種
菊池しづゑさん（昭和5年生まれ）所有
濃い紫色の豆

北海道の前川金時によく似た濃い紫色のいんげん系の豆。支柱を立てて栽培したのと支柱なしがあり、一般的に支柱ありのほうが皮がやわらかくておいしいといわれています。むかしながらの食べ方として、若さやはお煮しめ、乾燥した種実は赤飯に使われます。

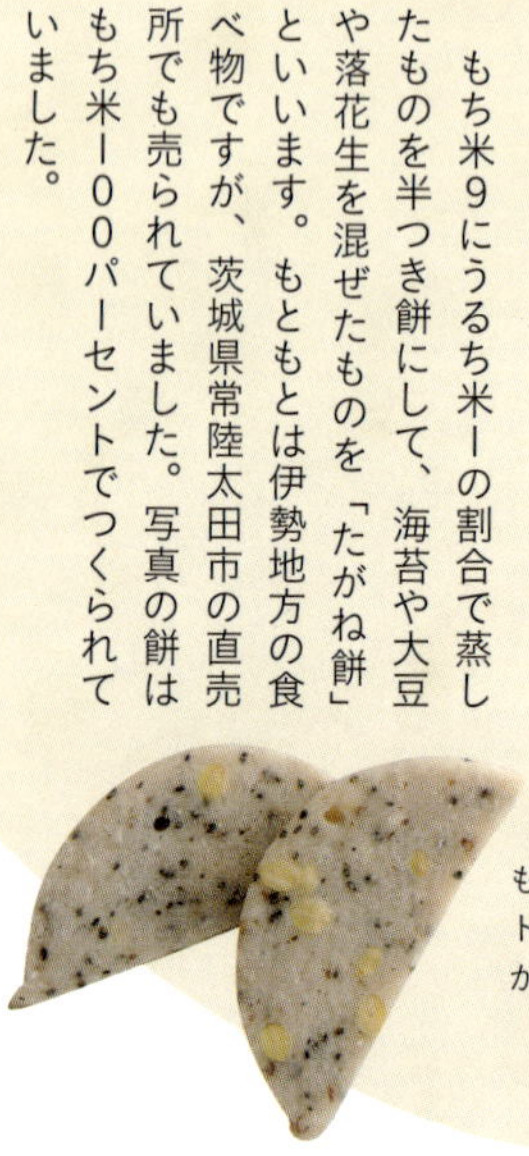

雑煮の前に「小豆餅」

渡邊りんさんのご家庭では、正月の雑煮の前に小豆餅に甘い煮豆をかけて食べる風習があるとか。小豆は蒸すか下煮したものを入れるそうです。この小豆餅は淡い赤色で、のし餅やお供え用の餅にもなったそうです（お供えの餅は紅白餅でした）。

たがね餅

もち米9にうるち米1の割合で蒸したものを半つき餅にして、海苔や大豆や落花生を混ぜたものを「たがね餅」といいます。もともとは伊勢地方の食べ物ですが、茨城県常陸太田市の直売所でも売られていました。写真の餅はもち米100パーセントでつくられていました。

もち米100パーセントでつくられた「たがね餅」

まめも

「娘きた」「花嫁小豆」に込められた思い

「娘きた」「花嫁小豆」は、「娘きたか」と同じように、早く煮えるので娘が実家に来てからでもすぐに食べさせることができるという親の思いを込めた呼び名です（北野京子さんからのお話）。

在来種の名称には、暮らしや時代が反映されていたり、ユーモアあふれる情緒豊かな人の営みや思いがはしばしに感じられます。在来種をつくり、種をつなぐということには、作物とともに在来種と人とのかかわり、風土を伝える、それを次世代に託すという大切な意味と役割があるのですね。

娘きた

花嫁小豆

北野京子さん

娘きたか、娘まだか

茨城県常陸太田市里美地区小菅町上原集落の北野京子さん所有のこげ茶に黒の斑紋の「娘きたか」「娘まだか」。実家へ里帰りした娘が着いてからでも、すぐに煮える、つまり水に浸けなくても早く煮えることから、この名前がついたといわれています。皮がやわらかく、あんにすると小豆よりも色が薄いのが特徴。

ササゲ属
あずき種
北野京子さん（昭和18年生まれ）所有
皮がやわらかくあんにすると薄色

パンダ豆、ペンギン豆

北海道や日本のほかの地域でもつくられている支柱の必要ないいんげん系の豆。北海道ではシャチ豆、常陸太田ではペンギン豆とその形状から別名がついています。主に若さやで食べ、残りを乾燥させて種実を煮豆として食べます。常陸太田市の農家は、豆が黄色くやわらかい半乾燥のときにさやから実をとり、水に浸けずそのまま米に入れて炊き、豆ご飯として食べたそうです。

インゲンマメ属
いんげんまめ種
渡邉りんさん
（昭和14年生まれ）所有
あっさりホクホク感

育成品種「常陸大黒」

常陸太田市では、平成14年に品種登録された「常陸大黒」という大きな黒色の花豆が栽培されています。糖尿病や動脈硬化に関与するというアントシアニンが黒大豆の3倍もあり、味もよいことから正月の煮豆に使う人が増えています。

まめこらむ 茨城県①

仏事には「白蒸かし」

茨城県常陸太田市周辺の集落では、仏事に「白蒸かし」という白いんげん豆の入ったおこわに白ごまと塩を振って食べる慣習があります。小豆やささげ、金時入り赤いおこわに黒ごまをかける祝儀の赤飯とは対照的ですね。

むかし土葬だったころ、自治会で葬儀でのもろもろの担当を決めていましたが、陸尺（ろくしゃく）といって、棺を墓場まで担ぎ土を掘る役回りの者は一連の作業のあと、葬儀の家へ戻り、部屋には上がらず、土間で包丁を入れない豆腐１丁を食べるという決まりごとがありました。亡くなった人に白装束をまとわせたりなど、「白」はおそらく仏事の色だったのでしょうね。思わず、わたしの故郷、北海道遠軽町では、葬式の引き出物は白いハンカチか海苔、お茶だったのを思い出しました。

茨城県②

渡邊りんさんの「豆」ばなし

茨城県常陸太田市美里地区小妻町の渡邊りんさんは、
豆に関する知恵袋的おかん。
その知恵の宝庫をちょっと覗いてみましょうか。

＊ダニ小豆

りんさんの実家でつくられていた灰色の小豆。ダニが皮膚に入って膨らんだときのかたちや色に似ているからこの名前がついたとか。「娘きた」、「娘きたか」と同じように早く煮えるので代々つくられていたものだそう。

＊ひだ豆

とくに黒豆を煮るとしわが寄りますが、これを「ひだ」にたとえてつけた呼び名。これは、いわゆる関東風の煮方です。

＊むかしっからの豆

金時よりもひとまわり小さい、りんさん曰く「むかしっからの豆」は、いんげん系で、甘い煮豆にして食べていたそう。

大白大豆

大白大豆は、養蚕とともに戦前の主要産品で貴重な換金作物でしたが、米作に転換後はつくられなくなりました。この「大白大豆」は、ほかの大豆に比べて糖分が多く濃厚な味で、豆腐、味噌、納豆などさまざまな大豆加工品が味よく仕上がることから重宝された豆でした。

ダイズ属
だいず種
須藤カヲルさん（昭和2年生まれ）所有
濃厚

須藤カヲルさん

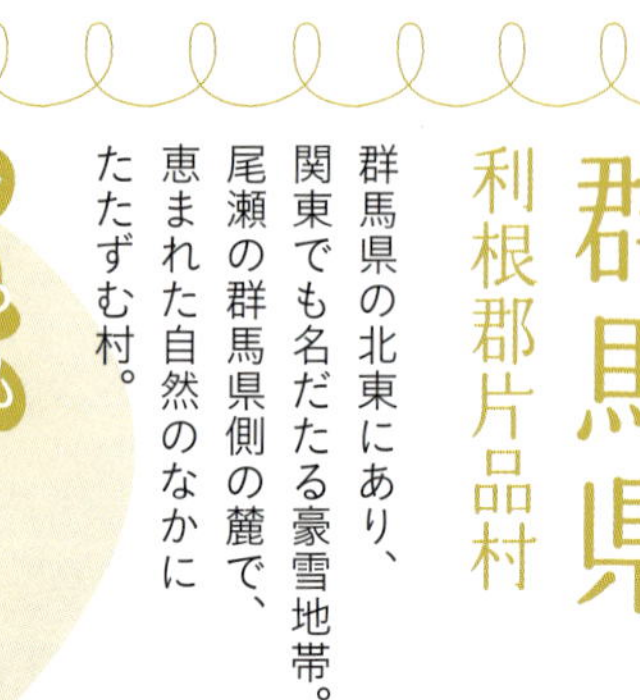

群馬県
利根郡片品村

群馬県の北東にあり、関東でも名だたる豪雪地帯。尾瀬の群馬県側の麓で、恵まれた自然のなかにたたずむ村。

まめも

むかしつくられていた「田のくろ豆」

この地域では、むかし、「田のくろ豆」（「くろ」は「畦」の意）といって、自家用として田んぼの畦にまいていました。田のくろ豆はとくに肥料も入れず手をかけなくとも、良質の豆がとれ、それを使って味噌、豆腐、醤油がつくられていたとか。小さな粒の豆は油で炒め、味噌、砂糖を加え嘗め味噌にして、おかずが少ないときに食べていたそうです。

まめも

紫花豆の甘煮

群馬県といえば3センチはあろう大粒紫花豆の産地で有名です。この紫花豆の甘煮を火鉢の上でコトコト煮る——むかしは火鉢やストーブがあったおかげで、火のそばに張りつかずとも、ふっくらおいしく豆が炊けていたのかもしれません。

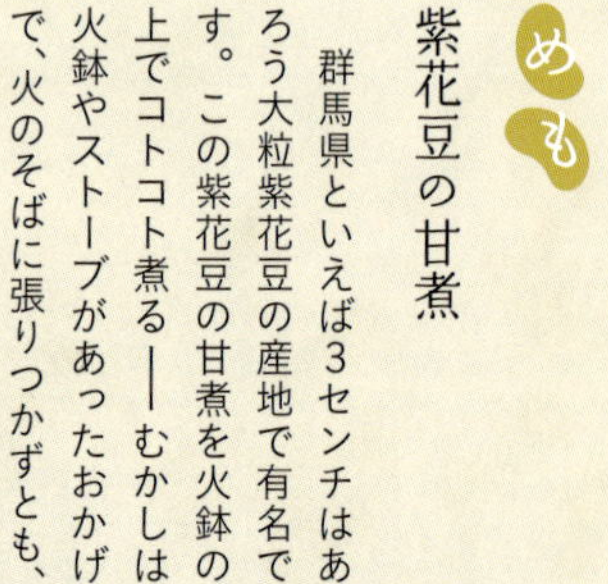

桑の木ブロウ

むかし養蚕が盛んだったころ、各家には桑の木があり、その近くで自家用の豆がまかれていました。この地域の桑の木ブロウは、岐阜県山県市美山地域の「桑の木豆」より粒はひとまわり大きく、同じくつる性。桑の木豆は桑の木につるを巻きつかせますが、桑の木ブロウは支柱を立てて栽培します。若さやも種実もおいしいのですが、一般的に、乾燥させた豆をさやごともどし、砂糖、塩で煮て食べます。「ブロウ」とは、「フロウ」＝いんげんの総称です。ちなみに高知県長岡郡大豊町の「銀不老」の「フロウ」もいんげんを指します。

インゲンマメ属
いんげんまめ種
萩原タエさん（昭和6年生まれ）所有
ホクホクした味わい

地ブロウ

自家採取で自家用につくりつづけている豆のことを、この地方では地ブロウと呼んでいます。一般の金時よりも小粒で主に甘煮にして食べます。自家採取していくと粒が小さくなる傾向がありますが、味は変わりません。

インゲンマメ属
いんげんまめ種
須藤カヲルさん（昭和2年生まれ）所有
濃厚

青山在来大豆

埼玉県比企郡小川町の青山地区でつくられていた淡い緑と黄色が混ざった色の白い大豆。やせた土地でも育つ「こさ豆」のひとつとして地元では知られています。ショ糖の含有量が一般の大豆より多いため甘味が強い品種です。地元の豆腐店が生産者から全量買い上げてこの青山在来大豆で豆腐をつくっています。豆乳もトロリとして濃厚、甘みがあり、大豆特有の臭みがないと、豆腐ともども好評です。

ダイズ属
だいず種
横田茂さん（昭和26年生まれ）所有
甘みが強い

埼玉県
比企郡小川町

埼玉県の中央部からやや西に位置し、周囲を緑豊かな外秩父の山々に囲まれ、町の中心を槻川が流れる町。和紙や絹、建具、酒造など伝統産業で古くから栄えてきました。

青山在来大豆でつくった豆腐と小松菜の炒めもの。ふわっとした食感の甘い豆腐が控えめすぎず目立ちすぎず、ほかの具材とよく合っていました

埼玉県

在来大豆を地場産品に

　埼玉県の在来大豆――埼玉県の職員が農家の聞き取りをして集めた名もなき在来種の数々。それゆえ、大半が、地名がその名となっています。

　この28種の在来大豆で注目されたのがショ糖のやや多い「借金なし」と「妻沼(めぬま)茶豆」。埼玉県の方言で「なす」は「返す」の意、「借金なし」は借金を返すことができるほど収量が多いというのが名前の由来です。この大豆を使った炒り豆や豆腐などの加工品が開発され地域ブランドとなっています。

　また「妻沼茶豆」は埼玉県熊谷市上根地域産。この豆を原料にしたきな粉（熊谷市の銘菓「五家寶」のきな粉にも使われています）、お茶があります。

　埼玉県の一部だけでもこれだけの在来種があるのですから、ほかの地方にも相当数の在来種が埋もれているはずです。かろうじて生き延びてきたのも、在来種を好み食べる人が確実に存在するからです。売るわけでも人に自慢するわけでもない、食べるため、ただそれだけで脈々とつくり継がれ、生き残ってきた在来種の底知れぬ生命力を感じずにはいられません。

埼玉県職員の尽力で収集された埼玉県熊谷市近郊の在来大豆の数々。圧巻です。まさに大豆は日本の食を支えていることを実感

在来種がつくられてきたわけ

　青山在来大豆を生産者から全量買い取り商品化して、在来種存続に貢献している「とうふ工房わたなべ」。その渡邊一美社長が、青山在来大豆を豆腐にしたきっかけは――豆腐をつくるのに、近年の天候不順に品種改良した大豆では質量ともに順応しきれず、めまぐるしい環境の変化にも対応できる在来種を探していたのだそう。そのとき青山在来大豆に出会い、豆腐にしてみたらたまたまおいしかった、というのが始まりらしいのです。

　渡邊社長曰く「米にしても豆にしても、在来種が自家用としてつくられつづけてきたいちばんの理由は、おいしいのと、好みの味だからでしょうが、農家と付き合っているうちに、ほかにも理由があるように思えてきました」。

　例えば米。コシヒカリは味はよいが、稲藁はやわらかくて藁製品には不向き。しかし農家は米を売るだけではやっていけないので、米も藁も製品化して売ることができる在来米をつくりつづけてきたのではないかとのことです。

　つくり手と直に付き合っている渡邊社長ならでは興味深い話でした。

岐阜県

山県市（旧美山地域）

岐阜市の北に隣接する山県市。ベッドタウン化するなかで、美山地域は山あいに位置し、いまも美しい里山が残る地域。

インゲンマメ属
いんげんまめ種
藤田辰雄さん（昭和3年生まれ）
山口修さん（昭和4年生まれ）所有
ほっこり豆

桑の木豆

養蚕が盛んだったころ、桑の木にこの豆のつるを巻きつかせて栽培したことから、桑の木豆という名前がつきました。つるを巻きつかせるのは、桑の木の葉で湿度が保たれるうえ、強風でも倒れないから、と生産者さん。

伝統的な食べ方は、乾燥した桑の木豆をさやごと水でもどして煮て、砂糖と醤油で味付ける方法。どちらかといえばハレの日の食べ物だったようです。最近では地域の女性グループによる桑の木豆を使った味噌やアイスなどの商品開発により、自家用に細々とつくられてきた豆が地域おこしの貴重な資源となっています。

桑の木豆の甘煮

その②

完熟そしてしっかり天日乾燥

さやに実が入り、黄色に色づきはじめたら完熟した証拠。あとは天日と風があれば一気に乾燥が進みます。この時期必要なのは陽の光だけではありません。冷たい風がポイントでもあります。風が当たらないとなかの実までしっかり乾燥せず、製品になってからカビが生えてしまうことがあるからです。

カラカラに乾燥したら、根をひき、根っこを上にして乾燥させます。このかたちが島に見えるからか、「島立て」といいます。その後、島立てした豆を地面に打ちつけた棒のまわりに積み上げていくのが「棒ニオ」、そのまま積むのが「ニオ積み」。ニオ積みはかろうじて残っていますが、棒ニオは北海道の遠軽町近郊の農家で数軒残っている程度です。豆も米と同じく、今は機械による温風乾燥が主流になり、こうした伝統的風景が見られなくなりました。

在来種は成長にばらつきがあるため、同じ株のなかでもカラカラに乾燥した豆と、まだ青々している豆が混在する場合があります。ただ、青ざやでも実がパンパンに入っていたら、多少霜にあたっても問題ないので根を切ってもよいとされています。（123頁につづく）

島立て

ニオ積み

豆の乾燥がおおむねすんだら根切りし、数株束ねて積み、さらに天日干しする

棒ニオ

地面に太い支柱を立てなければならず、労力がいるため、この風景はほとんど見られなくなってしまいました。雨よけにえんばく殻か麦殻をかぶせます。農耕馬がいた時代、えんばくは馬の餌だったため、たいていの農家はえんばくをつくっていました。雪の下に野菜を貯蔵して、その目印にえんばくの殻を覆ったそうです

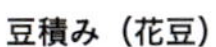

豆積み（花豆）

花豆などつるのある豆は支柱ごと30本くらい立てたまま束ね、上にビニールシートをかぶせて乾燥させる農家もあります。隙間があるので風通しが抜群

大豊町の銀不老の畑。機械が入れない急な斜面で栽培しています。コロンビアの山あいの農地と同じ光景でした

インゲンマメ属
いんげんまめ種
秋山勇さん（昭和7年生まれ）
上村良子さん（昭和14年生まれ）所有
やさしい風味

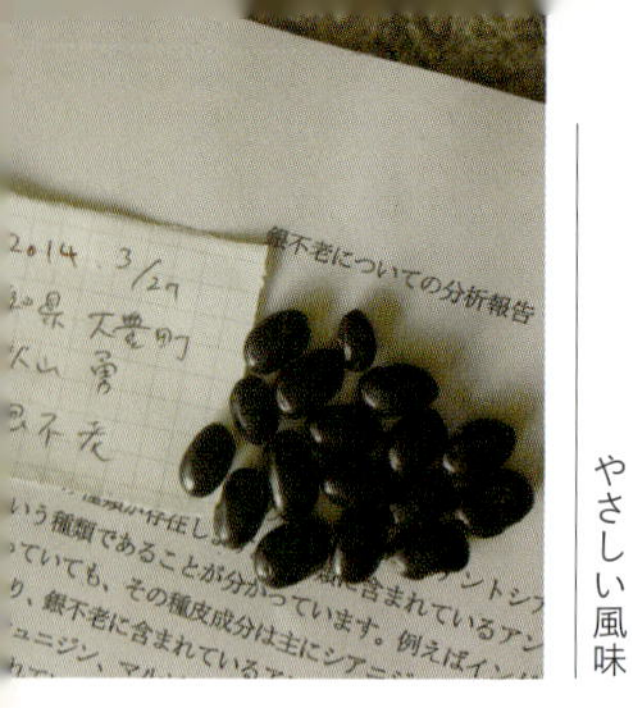

高知県
長岡郡大豊町

四国山地の中央に位置し、約9割を山林が占める山あいの町、大豊町。65歳以上が50パーセントを超える限界集落ですが、代々つくり継がれてきた宝が消えることのないよう活動が行われています。

銀不老

徳島県と愛媛県に近い四国山地中央部にある集落大豊町で18世紀ごろからつくられてきた在来種です。銀不老の「銀」は、栽培発祥の地と考えられる桃原地区で現当主の直系に当たる人の妻「お銀」が、旅芸者の權太夫より種を譲り受け栽培したのが始まりという説がひとつ。種皮の色が独特の光沢のある美しい銀色がかった黒だからという説の2つがあります。「不老」は、たくさんの栄養分が豆に含まれており、この豆を食べていれば体力が衰えず老いることがないことからきています。また、大豊町周辺では豆を総称して「フロウ」と呼んでいたことも、その名に結びついたといわれています。

むかしは、とうもろこし畑に種をまいて、とうもろこしにつるを巻きつかせる方法で栽培していたそうです。これは中米の栽培法と同じです。

若さやと乾燥させた種実の両方が食されます。銀不老を使った郷土料理に銀不老寿司、鍋餅（おはぎ）、お煮しめ、炊き込みご飯などがあります。

まめこらむ　高知県

お祝いの席には「銀不老寿司」

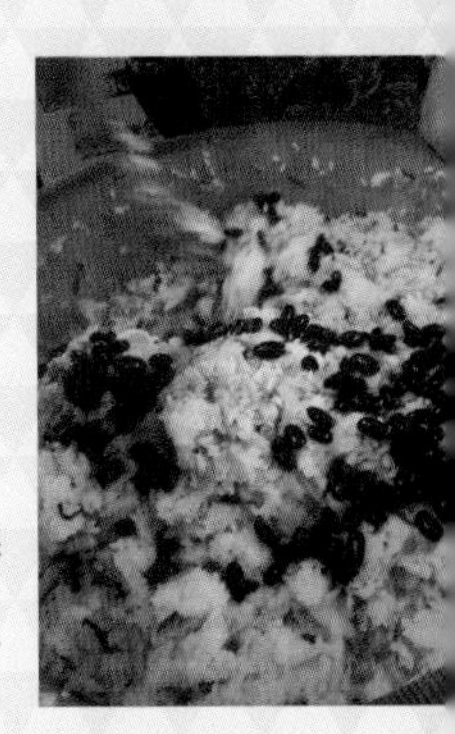

いんげん豆の一種である銀不老。この銀不老を使った「銀不老寿司」は、お祝いの席に欠かせない一品

銀不老寿司は、高知県の大豊町で継承されている、お祝いなどのハレの食として代表的な料理です。山間地でとれる山菜やしいたけ、にんじん、油揚げなどを具材にした寿司に、甘く煮た銀不老を混ぜるという、ほかの地域ではほとんど見られないとても珍しい栄養バランスに優れた伝統料理です。

「銀不老の煮方には、ここならではの秘伝がある」とは、地域で郷土料理を伝える活動をしている女性グループの最年長大利愛さん（昭和７年生まれ）。銀不老を水に浸けるときに梅干しをひとつ入れ、翌日梅干しを入れたまま煮るというもの。梅干しの酸と銀不老のアントシアニンが反応してきれいな色に仕上がるのだそうです。またこれには、防腐効果もあったのかもしれません。

寿司酢は米酢とゆずのしぼり汁のブレンド。そこへ砂糖、塩、ちりめんじゃこ、山菜やしいたけなどの具材を甘醤油で煮たものを加え、炊いた飯に振りかけ、混ぜます。最後に、炒ったエゴマ、よもぎの葉をゆがきかたくしぼったもの、銀不老の若さやをゆがいたもの、銀不老の甘煮を粒が壊れないように混ぜ入れてできあがり。

銀不老の若さやと種実の両方が食べられ、山の幸、海の幸がふんだんに入ったまさにハレ食の代表。つくり継がれる理由がここにありました。

大豊町の郷土料理（左上から、うどの味噌和え、山菜の天ぷら、銀不老ゼリー、鍋餅、銀不老寿司、吸い物）。鍋餅とは、きな粉をまぶした銀不老の甘煮の入ったおはぎで、9月の重陽の節句のごちそうでした。なぜ鍋餅かというと、鍋でもち米を炊いたから。白い野菊の花を持って実家へ里帰りするとき、おみやげにしたのだそうです

黒ピーナッツ

種は数年前、和田ユイ子さんが種苗交換会で入手したもの。一般のピーナッツに比べると粒は大きいものの、収量が少ないとか。しかし、味の深みや濃さでは数段勝り、とてもおいしいのだそうです。この黒ピーナッツ、ボリビアの市場でも見かけましたが、日本で見たのは初めて。炒ってそのまま食べてもよし、また殻をむいて米といっしょに炊くときれいな紫色のご飯ができます。

ラッカセイ属
らっかせい種
和田ユイ子さん
（昭和9年生まれ）所有
濃くて深い味

熊本県
上益城郡（かみましき）

熊本県の南西部に位置する上益城郡。熊本平野と九州山地の間にあり、なだらかな畑が広がる農業エリア。

まめも
保存食「こるまめ」＝香ばしい豆

熊本県上益城郡の和田ユイ子さん家で、自家採取で代々つくりつづけられてきた「青地大豆」。青大豆の楕円形で小粒型。この地方では、むかしから保存食「こるまめ」がつくられるそうですが、和田家でも毎年冬、この青地大豆でつくっているそうです。「こるまめ」とは、納豆に塩味を付けて米粉をまぶし天日乾燥させたもの。一般の干し納豆と違い、納豆のにおいが残るのが特徴です。「こるまめ」の「こる」とは「香ばしい豆」「香（こう）の豆」からきているようです。ご飯、お茶漬け、そのままおやつやおつまみとして食べるそうです。

青地大豆のこるまめ

黒大豆のこるまめ

和田ユイ子さん所有の肥後小豆でつくった肥後小豆あん餅

畦小豆

宮崎県えびの市の鬼川直也さん所有の「畦小豆」。代々、自家用の豆として水田の畦にまいていた品種で、濃い茶褐色の地にうっすら同系色の斑文があるのが特徴です。皮がやわらかく、煮ると小豆よりも濃い味。お彼岸の時期、おはぎにして食べられたそうです。茨城県常陸太田市周辺で「娘きたか」と呼ばれている豆と酷似しています。

ササゲ属
あずき種
鬼川直也さん
（昭和48年生まれ）所有
濃い味

宮崎県
都城市・えびの市

南九州とはいえ内陸に位置する都城市とえびの市。都城市は盆地、えびの市は、「えびの高原」の名のとおり高原にあり、九州のなかでも多雨低温な気候。

黒ささげ

ササゲ属
ささげ種
鬼川直也さん
（昭和48年生まれ）所有
野趣に富む

主にご飯に入れて食べる豆としてつくられてきました。劣悪な環境でも生き延びる、環境適応力旺盛な豆です。完熟すると自ら裂開し、さやをひねって種を遠くに飛ばすため、「種まきの際には、畝（うね）幅や株間を広くとるようにと、祖父から教えられてきました」と鬼川直也さん。

赤そら豆

ソラマメ属
そらまめ種
藤﨑芳洋さん（昭和25年生まれ）所有
色がきれい

宮崎県都城市の藤﨑芳洋さんが地元の農家から譲り受け、つくりつづけている豆。一般のそら豆よりもかなり小さく、背丈も1メートルくらいなので収穫しやすいとか。若さやのときの種実をとり出し、塩湯でゆで、さらに乾燥させた豆をひと晩浸水して米といっしょに炊くと、紫色のきれいな赤そら豆ご飯ができます。病気に強く、虫がつきにくい品種です。

豆以外の在来種も育てています

イネ科エノコログサ属の植物「もち粟」。写真は、藤﨑芳洋さん所有、宮崎県都城市梅北のもち粟の在来種「黒もち粟」。80代の農家の方から種を譲り受け、つくっている。米といっしょに炊いて食べるとおいしいとか。

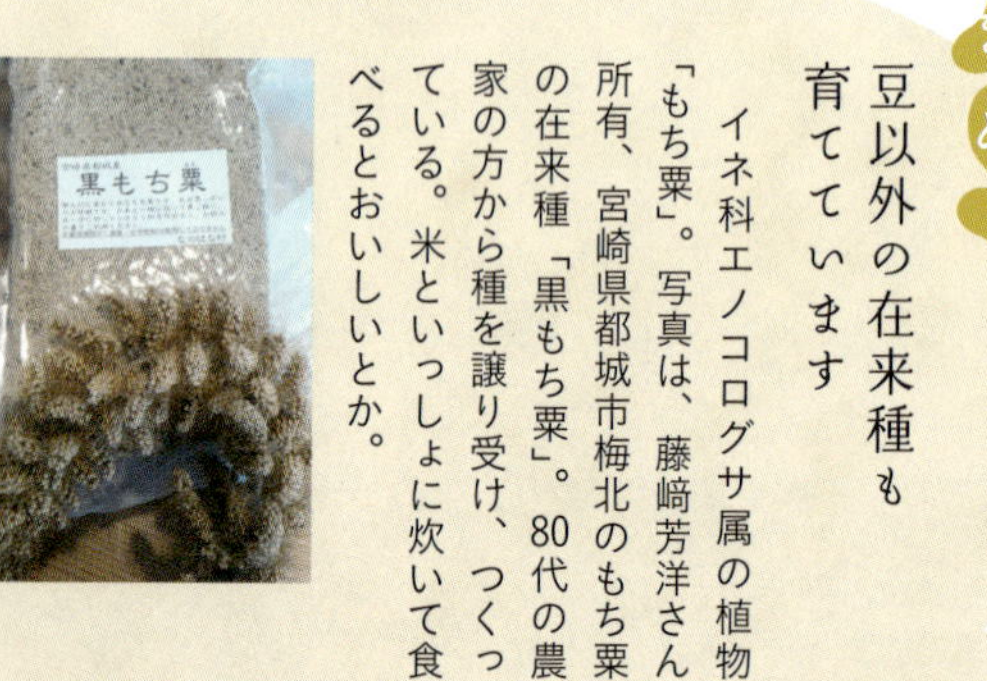

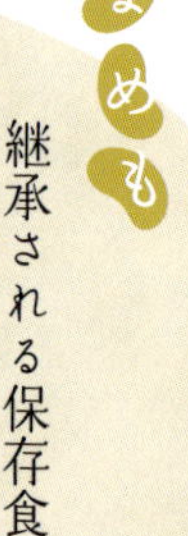

継承される保存食「小麦の押し麦」

藤﨑芳洋さんの祖母から継承されてきた「小麦の押し麦」。小麦の籾殻（もみがら）をとり、ひと晩浸水して押しつぶし、天日乾燥させた保存食です。戦時中、米といっしょに炊いて食べていたとか。精製した小麦粉を混ぜることで栄養価が上がるためか、最近では小麦粉と混ぜて胚芽入りパンがつくられています。

宮崎県

風味を残したやわらかい煮豆の秘伝

椎葉クニ子さん

平家落人の集落、宮崎県東臼杵郡椎葉村。日本で唯一5500年前の伝統的焼き畑を継承している椎葉クニ子さん（大正13年生まれ）を訪ねました。

60年余りにわたり焼き畑を営み、自家採取でそば、ヒエ、小豆、大豆などをつくっているクニ子さん。農法から、栽培、保存法にいたるまで“伝統的オリジナリティ”が随所に見られました。さらに、豆の炊き方にも独自のクニ子流があったので、教えてもらいました。

まず、大豆は塩でもみ洗いしてからひと晩水に浸けて煮るというものです。その大豆で昆布の含め煮をつくると、少々しわが寄るが大豆の風味がしっかり残るということでした。「古くなった豆を塩水に浸けて、翌日水を取り替えて煮るとやわらかくなる」と教えてくれた北海道の農家がありますが、ふたりの秘伝を読み解くと、ポイントは「生の豆に塩分を含ませる」ということのようです。経験のなせる技に敬服。

椎葉クニ子さんがつくる煮豆の数々。いずれもふっくらふくよかで、豆の味が生きている

椎葉クニ子さんの小豆ご飯。小豆は別の鍋で粒がこわれないように炊いて、炊き上がったご飯と混ぜるので小豆そのものの味がよくわかります。小豆の炊き方は天下一品。薄いアルミ鍋で難なく炊いていました。小豆煮の達人ここにあり！

クモーマミの畑

沖縄県
八重山地方

沖縄本島から南西へ
450キロメートル離れた
八重山列島。
石垣島や西表島などからなる
日本最南端の諸島です。
独特の文化をもっています。

山城貞一さん

小浜大豆（クモーマミ）

沖縄県八重山列島の小浜島で代々つくられてきた楕円形で通常の大豆よりもはるかに小さい小浜島在来の「小浜大豆（クモーマミ）」。

1960年ごろまで小浜島の主要産品のひとつでしたが、高度経済成長の時代に入ると、サトウキビに取って代わられ、いまや生産者は数軒のみです。カルシウム、ナトリウム、鉄が一般の大豆に比べて多く、豆腐にするとマイルドな甘みを醸します。ひと晩水にひたすと倍以上の大きさに膨らむのも特徴です。

ダイズ属
だいず種
山城貞一さん（昭和19年生まれ）
山城ハルさん（大正8年生まれ）所有
マイルド

まめこらむ　沖縄県

クモーマミの花

豆が織りなす 八重山地方の豊かな食文化

八重山地方は独特の食文化があります。
豆の使い方やほかの野菜とのあわせ方をみてみましょう。
料理は崎原正子さん（昭和22年生まれ）に
教えていただきました。

石垣島のゆし豆腐

石垣島では朝できたての熱々の豆腐を食べる習慣があります。「ゆし豆腐」といい、ふわふわの口当たりで、これに生姜、ねぎ、にらなどの薬味を添え、醤油をかけて食べます。

伝統的製法では、固めるのににがりでなく海水が使われます。つくり方は、まず大豆をひと晩浸水します。その後すりつぶし、さらしなどでこしてしぼります。しぼった豆乳を火にかけ、ふつふつしてきたら、海水を回し入れ静かにかき混ぜ、しばらく火にかけます。全体がふんわり固まってきたらできあがりです。

海水は、沖のきれいな海水が使われるためか、にがりでつくった豆腐より、風味も豊かで、日持ちもするそうです。

おから入りおじや

この地方にある「おから入りの味噌風味おじや」。この「米＋豆」の組み合わせは、必須アミノ酸をバランスよくとるためのむかしからの知恵です。これに、さつまいもの葉やかぼちゃが入りますが、さつまいもの葉は若くてやわらかいものを使うのがポイント。むかしはどの家でもさつまいもを自家用でつくっていたので、その葉はもっとも手っ取り早い青菜でした。仕上げに油をひとたらし。夏場、食欲のないときは冷たくして食べます。五臓六腑にしみわたり、農作業で疲れたからだを癒やしてくれる食べ物です。

青パパイヤ入り呉汁

南国の呉汁は、青パパイヤが入っていました。小浜大豆をすりつぶし、だし汁を加え具材によもぎの新芽やにらなど薬効成分豊富な野菜を入れます。

沖縄などの南国では、青パパイヤは野菜。漬け物やサラダなどさまざまな料理に使われていました

黒ささげのおこわ

赤飯としてではなく、おこわのひとつとして食べられていました。どちらかというと、ハレの日の食だそうです。

第④章

世界の在来種を訪ねて

chapter 4

local beans of the world

海外にも、その土地土地の在来種が数多く存在します。
そして、その豆を受け継いでいる農家があります。
海外の豆、そして豆とかかわる人々の暮らしをみていきましょう。

海外の
ローカルビーンズカタログ

日本では見たことのないようなさまざまな豆が世界各地にあります。
一方、呼び名はその土地土地で違うのに、
世界各地で似たような豆が点在しています。
それでは、世界で出会ったローカルビーンズをみてみましょう。

マニ ｜ ボリビア

ピーナッツの一種。ボリビアではピーナッツの種類が多い

チリプカロハ ｜ エルサルバドル

エルサルバドルのある村では、いんげん豆の在来種のことを「チリプカ」と呼んでいる。「チリプカ○○」という豆がたくさんある

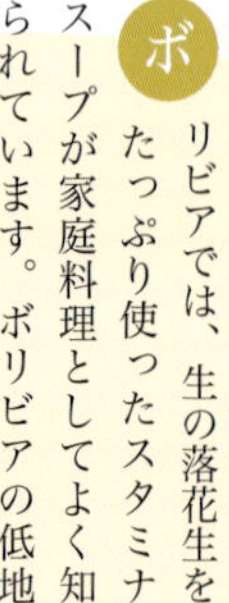

ボリビアでは、生の落花生をたっぷり使ったスタミナスープが家庭料理としてよく知られています。ボリビアの低地サンタクルスの家庭料理 sopa de maní（落花生スープ）をサンタクルス在住、大規模農業を営む日系2世の池田典子さんに教えてもらいました。

生落花生の皮を取り、フードプロセッサーですりつぶし、玉ねぎ、トマト、ピーマン、アヒを炒めておきます。アヒは、南米では欠かせない辛味野菜で、料理のアクセントとしてあらゆる料理に使われます。じゃがいもを別の鍋でゆで、このなかに炒めておいた野菜と落花生、色付けにターメリックを入れ煮込みます。仕上げに、素揚げした熱々の白米を入れてできあがり。通常はパスタの素揚げを使うのですが、白米を使うのが日系流。やはり日本人はお米なのです。

フリホール ｜ エルサルバドル

いんげん豆のこと

さすが落花生の原産地。大きい、小さい、殻をとった薄皮が黒い、赤い、模様のある、なしなど、実に種類豊富なボリビアの露店。店先では炒り落花生が売られており、日常のスナックとして定着していました。揚げた落花生もありますが、炒り落花生が値段も安く、農村でもよく見かけました。ちなみに、落花生はスペイン語でmaní（マニ）といいます。

豆 ラテンアメリカ

Latin america

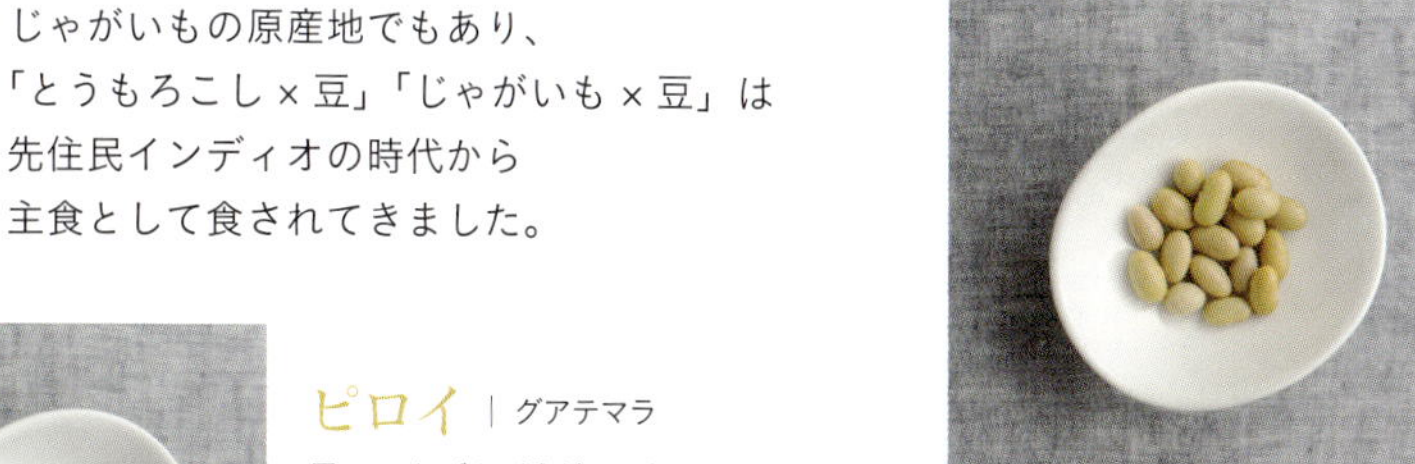

いんげん豆の原産地である
アンデス山地が広がるラテンアメリカ。
アンデスは、豆のほか、とうもろこし、
じゃがいもの原産地でもあり、
「とうもろこし×豆」「じゃがいも×豆」は
先住民インディオの時代から
主食として食されてきました。

カナリオビーン ｜ ペルー

ペルーの豆の代表格。
色が美しい

ピロイ ｜ グアテマラ

黒いいんげんが主流のグアテマラで

マニ　オベル ｜ ボリビア

ピーナッツの一種。ボリビアではピーナッツの種類が多い

エチオピアの首都アディスアベバの露店でレンズ豆の入った揚げパンというかスナックがありました。豆はほんのり甘じょっぱい塩味、小麦粉でつくる生地がパイのようにサクサクして美味でした。エチオピアでは、炒りえんどう豆やそら豆がポピュラーなスナックですが、こうしたパンの具材にも豆は使われていました。

ピジョンピー

｜マラウイ共和国

シュガービーンズ

｜マラウイ共和国

豆 アフリカ

Africa

アフリカでは豆は
日常欠かすことのできないたんぱく源。
西アフリカはささげ、
東アフリカではいんげん豆、
中東に近い地域ではレンズ豆、ひよこ豆、
えんどう豆がよく食べられています。

スーパービーンズ

｜マラウイ共和国

ひよこ豆の畑
8月半ばのひよこ豆の畑。葉はまだ青々としていて、収穫は9月か10月ごろとのことでした

カウピー

｜マラウイ共和国

ささげ。西アフリカはささげの原産地であり、多種多様なささげがある。種をまいて3か月で完熟する

グラウンドピー
｜ブルキナファソ

土の下に豆ができるので、
この名になった

カウピー
｜ブルキナファソ

コンセルンビーンズ
｜マラウイ共和国

グアービーンズ
｜マラウイ共和国

レンズ豆（皮なし）
｜エチオピア

アフリカは中南米と同じく「とうもろこし×豆」の地域ですが、砂漠など乾燥地帯になると、とうもろこしからきび、粟などの雑穀に代わります。タンザニアのキリマンジャロ近郊の村に住む女性たちがつくってくれた豆料理のひとつがポタージュスープ。とうもろこし、豆、調理用バナナをどろどろに煮て、最後に木製の手動攪拌(かくはん)器のようなものでつぶし、牛乳を加えてできあがり。おなかにずっしりたまる「食べるスープ」でした。豆を煮るのに、メキシコのオアハカでも見かけた素焼きの瓶のような鍋を、さらに豆をつぶすのにも同じような木製の器具を使っていたのは、両国でなにか関連があるのかもしれません。

マウディピウ｜スペイン

ベルシベス パルス
｜スペイン

ティチャロ
｜ポルトガル

フェビメス デ エボリア
｜スペイン

ヨーロッパでは、白いんげん豆
のバリエーションが多い

豆 ヨーロッパ

Europe

15 世紀、大航海時代に入り、
中米から持ち込まれたいんげん豆が、
ヨーロッパでも栽培されるようになりました。
貴重なたんぱく源となった豆は、
広くヨーロッパに広がりました。

ベルメーリオ
｜ポルトガル

ローカルビーン｜ポルトガル

ヨーロッパでは、白いんげん豆が主流ですが、豆ご飯に黒いんげんが入っているのをレストランや家庭でよく見かけました。いんげん豆の原産地で大消費国といわれる中南米では、黒いんげんがとくにメキシコやカリブ海地域で食べられています。国によって食べるいんげん豆の色が黒、白、赤などに分かれているのが不思議でした。

ポルトガル、コインブラ近郊に住むノエミアさんから黒いんげん豆ご飯のつくり方を教えてもらいました。

黒いんげんはあらかじめ煮ておきます。にんにく、ローリエをオリーブオイルで炒め、米を入れて軽くさらに炒めます。そこに水、ゆでた黒いんげん豆を入れていっしょに炊きます。ヨーロッパではご飯は主食ではなく、あくまでメインディッシュの付け合わせ。ポルトガルでは魚料理の付け合わせとして食べる習慣があるそうです。米は脇役なのです。

ファジョーリネーリ

| イタリア

チチェルキア

| イタリア

そら豆の皮なし。15世紀以前は、そら豆が主食だったよう

ラナビーン

| イギリス

イギリスでは乾燥豆ではなく、若さやを野菜として食べることが多い

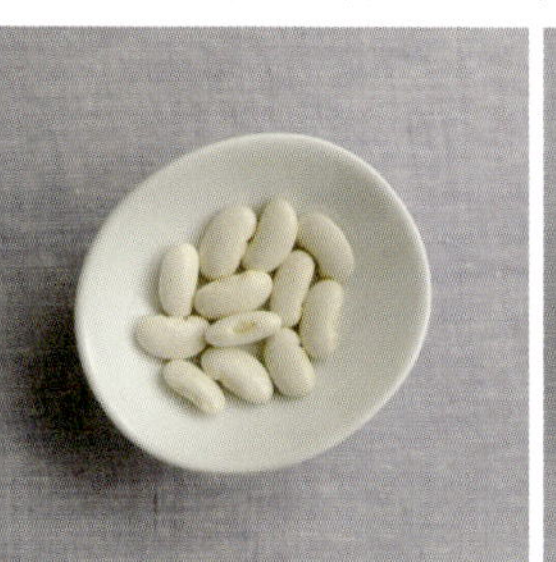

ファジョーリ ディアーヴォリ ロッシ

| イタリア

ファバビーンズ ｜イギリス

在来種の小粒のそら豆。14世紀のイギリスではそら豆は重要なたんぱく源。皮も料理に使っていたそう

ビルバオ ｜フランス

ローカルビーン ｜フランス

ヨーロッパでは、白いんげん豆のバリエーションが多い

ブラックアイドビーンズ ｜フランス

14世紀ごろのイギリスで豆といえば、貧乏人が食べるものというイメージでした。一方農家のたんぱく源は豆だったのも事実で、そら豆は主にゆでてペーストにしハーブを入れて食べていたそうです。気候がえんどう豆の栽培に適しているのと、優れた冷凍技術の開発により、いまやイギリスは、世界有数の良質な冷凍グリーンピースの輸出国となり、イギリスのグリーンピースは生よりもおいしいと高く評価されています。

そして、イギリスの代表的なカジュアルフードがフィッシュアンドチップス。その付け合わせにグリーンピースは欠かせません。通常はゆでたグリーンピースですが、ミントを加えてペーストにしたものもあります。そして魚のフライにかけるのは伝統的にはモルトビネガー。こうした正統派フィッシュアンドチップスは、歴史のあるパブで食べられます。

グリーンレンティル

｜フランス

緑レンズ豆。リュピュイ産は最高級品といわれ美味である

パルス ポリヤック

｜スロベニア

皮付きそら豆。原産地といわれる地中海沿岸で、よく小粒の在来種のそら豆を見かける

カルビー ｜ドイツ

主に若さやを食べるが、乾燥豆もおいしい

グラハ ゼレンチェック

｜クロアチア

黄色い種皮が特徴。南米原産のカナリオビーンと似ている

column

フリホール（いんげん豆）いろいろ

ヨーロッパの豆といえば、いんげん豆。スペインでは「フリホール」、ポルトガルでは「フェイジャン」といいます。スープや煮込みなど普段の料理にもよく使われています。

フェイジャン ブランコ（ポルトガル）

フェイジャン２種（ポルトガル）

フェイジャン フラーデ（ポルトガル）

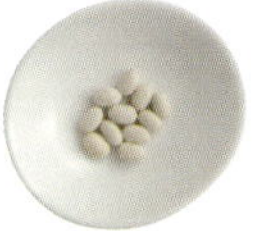

フェイジャン２種（ポルトガル）

フリホール（スペイン）

ミャンマーで見たささげ
ミャンマー、マレーシアやベトナムなど東南アジアでは、ささげの若さやを主に炒め物にします。日本の十六ささげよりも長いのが特徴です

いんげん豆
| ミャンマー

ソンダハ | ミャンマー
ミャンマーのタイチという町の在来種と思われる

豆 アジア

Asia

ダウデン
| ベトナム

「米×豆」としておかずとして食べられたり、
世界でも唯一甘く煮て食べる地域。
ゆでたり、揚げたり、炒ったり、
粉にしたり、豆腐にしたり、
かたちを変えて活躍するアジアの豆。
大豆、緑豆、小豆はアジアの豆の代表選手。

バタービーン | ミャンマー
ドリチョスラブラブの白いバージョン

ドリチョスラブラブ | ミャンマー
サラダの材料にも使われる

ガーデンピー
日本のもやしのように、ミャンマーでは発芽させた豆を食べる習慣があります。ひげが生えたような豆がそうです。塩ゆでしたものを油で炒めたり、ペーストしたり、その上にフライドオニオンをトッピングして食べます

ピジョンピー　｜ミャンマー

ペポシー　｜ミャンマー

シャン地方の豆。この豆を発酵させた、味噌に似た「シャンペポ」という食品がある

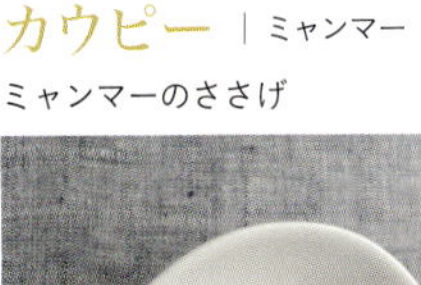

カウピー　｜ミャンマー

ミャンマーのささげ

ひよこ豆　｜ミャンマー

小粒のデーシー種。粉にして、スープやご飯にかけたり、麺や豆腐、揚げ煎餅にしたり、広く使われる

ガーデンピー
｜ミャンマー

ベニドゥ　｜ミャンマー

赤丸という意味

中国の農村の食事は、野菜とご飯が主体ですが、副菜や野菜の炒めもののなかによく出てくるのが豆腐。日本と違い冷奴のように冷たくして食べる習慣はありません。朝の豆乳から始まり、発酵豆腐、味の付いた豆腐、乾燥した豆腐などさすが豆腐発祥の国。そのバリエーションは圧巻です。そのなかで、干し豆腐という四角い薄いシート状の豆腐があります。ねぎやきゅうり、葉物野菜などをはさみくるくると巻いて食べるのですが、このときタレとして塗るのが中国の味噌。強烈な発酵臭のあるトロッとした味噌です。味噌は、農家の裏庭の日当たりのよい場所で大きな瓶に入っています。瓶には白い布をかぶせ、その上に水が入らないようガラス板が置いてありました。日本の味噌は日陰で保管するのに対し、日差しの強いところに置いておきます。なにかわけがあるのでしょうか（中国黒竜江省の農村にて）。

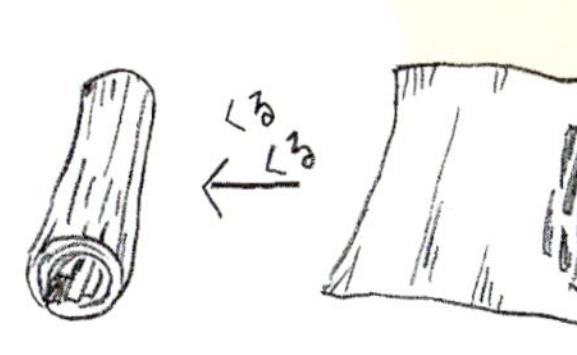

カチンビーン ｜ミャンマー

カチン地方にしかない豆。ゆでて発酵食品にするこの地方の特産品ペポがあるが、つくり手が減ってきているという

イエロースプリットビーン

｜ミャンマー

緑豆 ｜ミャンマー

皮付き緑豆。春雨の原料。発芽させてもやしにもする

ペポ

ミャンマーのカチン地方の味噌ともいうべき豆の発酵食品。カチン地方の在来豆をゆでたあと粗くつぶし、10日間天日干しします。その後、にんにく、唐辛子、塩、味の素を加え、さらに2日間干してできあがり。あらゆる料理のベースになるミャンマーの伝統的な調味料です

バコーウブラックマッペ

｜ミャンマー

タイチという町の農家の豆

ローカルビーン

｜ミャンマー

レンズ豆

｜ミャンマー

その③

ついに豆デビュー

収穫した豆は殻を外す脱穀作業に移りますが、ここでも在来種ならではの特徴があり最後まで農家を手こずらせます。

通常脱穀機を通すと殻がすんなり外れるのに、在来種はなかなか外れないので、「脱穀するときの強度を上げなくてはならない」と北海道の幕別町の農家。在来種は種として命を継ぐ準備が整わないと弾けようとしないのです。つまり、外見は成熟していても、中身は大人になりきれていないのでしょう。まだ早いという豆からのサインを無視せざるをえないのがいまの農業なのです。

脱穀作業が終わると、ようやく豆としてデビューの最終工程、手選別です。

最後はやはり人の手。機械でも選り分けられなかった豆粒を選別します。良品は売り物、B級品の一部は自家用にとっておきます。

北海道では、むかし農作業が一段落する年明け、豆選りはお年寄りから子どもまで家族総出の仕事でした。
（おわり）

種として命を継ぐ準備が整わないと弾けようとしない在来種は、脱穀のときも農家を手こずらせる

最後は人の手によって豆選り

世界「豆」歩き

海外の豆・食を訪ねて

毎年、「豆」を追いかける旅に出ます。
2014年の夏は、11か国を2か月かけて歩きました。
「豆」を追いかける旅は、自然とその土地で生きる人々、暮らし、
生活の知恵を見つめる旅となりました。

世界豆歩き｜イタリア

Italy

左、中・すべて自家製の手づくりランチ。豆は自家製オリーブオイルに塩のみという味付け。いずれもシンプルで素材の味がよくわかる
右・お土産にオリーブオイルを詰めてくれました。こうしてしぼりたてを販売もしているとか

上・何代目かがわからないくらい代々続く農家で、馬を飼い、豆、オリーブ、トマト、ブドウ、小麦など栽培しているフラウリオさん
左・幻の在来種ファジョリーナ・トラジメーノ

生産者フラウリオ・オルシーニさんを訪ねました。紀元前300年ころからつくられているといわれる幻の在来種ファジョリーナ・トラジメーノとご対面！　これは、いわゆる、いんげん豆です。イタリアのスローフード協会お墨付きの「保護すべき希少品種」として認定されています。同じさやに、色とりどりの豆が入っています。

イタリアのバーリにある「生物資源研究所」。地中海地域最大の資源センターで、遺伝資源の保有数は世界でも4番目（ちなみに、中国が1位）です。

イタリアでも在来種は激減しているとのことで、探し出すのが困難ですが、伝統的な暮らしを営んでいる人が残っているシチリア島やサルデーニャ島では、在来種もひっそり生き残っているとのことでした。やはりイタリアでも島々にはいまも宝物が残っているわけですね！

虎豆やパンダ豆が！　地方の乾物店で購入したそうです

農家のおかんの大皿料理。日本も世界も農家の料理は「大鍋」「大皿」「てんこ盛り」

左・天日干しでつくる乾燥トマト
右・古い農家には窯があり、薪の火で焼かれたパンやピザはいわずもがな絶品

地中海地域や中東はひよこ豆をよく食べます。

メソポタミア文明の栄えたこの肥沃な三角地帯がひよこ豆の原産地。大きさもさまざま、ベージュ、黒、模様入りなど色も異なるひよこ豆が多種あります。

カルツームのローカルマーケットへ。日中は軽く35度を超える暑さです

スーダン、カルツームに到着。イスラム圏に入り、一気に異文化情緒が漂います。早速、豆を求めてローカルマーケットを散策。そら豆の種類がいくつかあるのに気づきました。そしてソルガム、ミレットなどの雑穀の種類も多いこと。粉もそれぞれあります。雑穀が多いのは乾燥地帯の特徴でしょうか。

世界豆歩き｜スーダン

Sudan

バルバル地方は、砂漠の荒野にときどき緑を見かける程度で乾燥地帯特有の埃っぽさとジリジリした日差しが肌を刺すようでした

カルツームから300キロ、車で4時間、スーダンきっての豆の産地、バルバル地方にやってきました。

ここはナイル川沿岸でもあり、ナイルの恵みを存分に享受した有機農業地帯。ナイル川の氾濫後、肥沃な土壌が運び込まれ、基本的に肥料なしでOK。また、乾燥しているので虫や病害もなく、農薬も不要。しかし、生産者は、とりたてて有機をうたっているふうでもなく、伝統的農業を淡々と営んでいる印象を受けました。保管方法をきいたら、豆など穀物は天日干ししたあと、殻やさやから出さずにそのまま袋に入れておくようです。こうすると何年でももち、虫がつかないとのことでした。メキシコなどでも同じでした。

農家で、たかきびの発酵煎餅(?)を発見！

たかきびの粉に水を入れて数日置いて、プクプク発酵してきたらOK。これをクレープのようにして焼いて食べます。保存するときには、天日に干してパリパリにさせます。

ほんのりと酸味がある無味乾燥の煎餅。とてもおいしいとはいえない。わたしは苦手です。さらに、この発酵煎餅を水でもどして、そのもどし汁を飲む、名付けて発酵煎餅ドリンク。これも薬みたいで飲みにくい！　でもお腹の調子を整えるとのことでした。

左・ソルガム（たかきび）の乾燥スプラウト。粉にして、ケーキなどの菓子に、スープに、蒸留酒にするようです
右・たかきびの発酵煎餅。色が黒いのは、たかきびの色

マラウイの首都リロングウェから車で2時間の村で豆料理をつくってもらいました。ゆで豆やペーストのほか、煮た豆にゆでたキャッサバを混ぜたものも出してくれました。農村では肉はあまり食べられず、豆、野菜炒め、干した小魚を揚げたもの、それに主食は白とうもろこしを練ったシマ。豆の消費量をきくと、5人家族農閑期で10キロ／月、農繁期で20キロ／月、とうもろこしは100キロ／月というから豆ととうもろこし中心の食生活。ちなみに好きな食べ物はときくと9割が主食のシマ。日本で白いご飯が好きな人はどのくらいいるのか比較したくなりました。

この日料理をつくってくれた女性たちは後ろに控え、村の広報担当のような男性が料理の説明をしてくれました。こうした公の席で女性はあまり発言できない習慣があるようです。

露店でどっしり重いハードな雑穀ケーキが売られていました。アフリカの農村では、食べ物はとにかくカロリー重視。といっても肉でなく豆と穀物から摂取しているようです

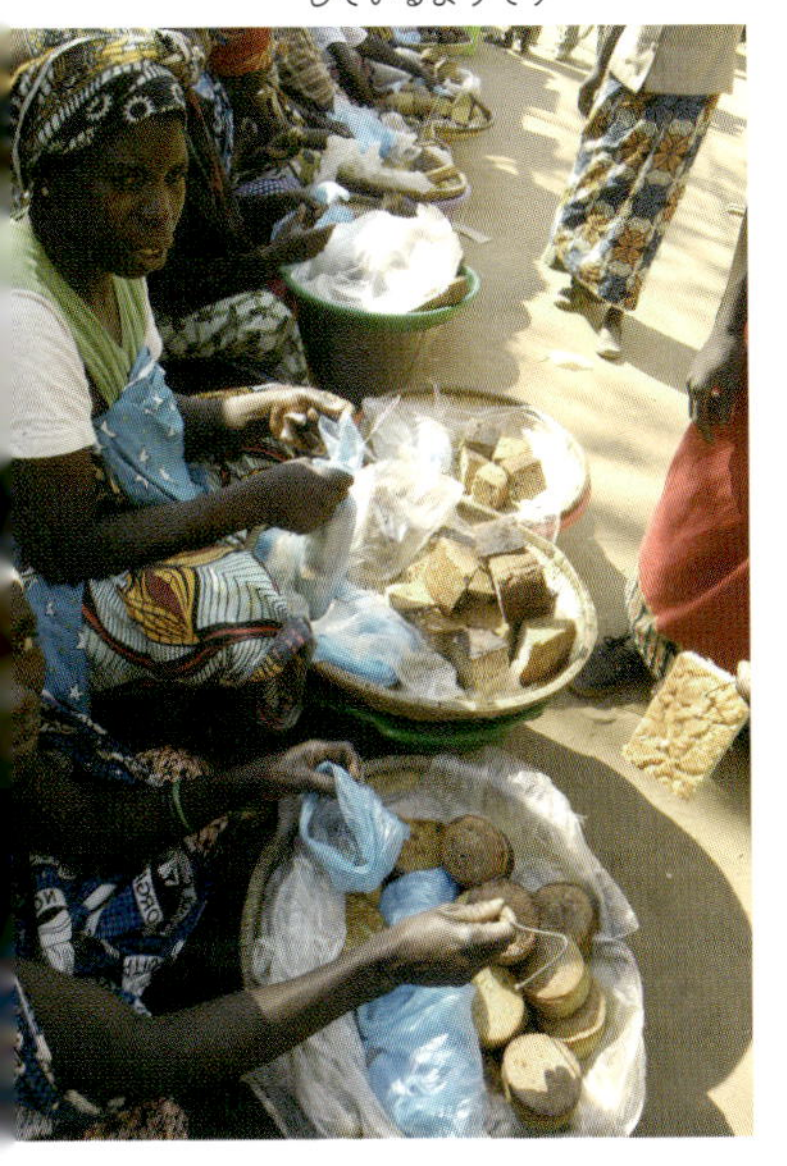

世界豆歩き｜マラウイ

Malawi

豆料理をつくってくれた集落で栽培しているいんげん豆の畑。黄色く色づき収穫間近

アフリカでは、豆はゆでるほか、ペーストが多く、味付けは塩といたってシンプルなものばかりでした

彼は自家採取であらゆる作物をつくっていました。ただトマトだけはむずかしいので種を購入するそうです

レバノンのベイルート。イランと同じ中東地域ですが、街の雰囲気はヨーロピアン。
　豆農家を訪問。在来豆発見！大粒で平べったいので、たぶん、白いリマビーンとおぼしき豆。無肥料、無農薬で、ブドウと同じように天井につるをはわせて栽培していました。豆では、初めて見た栽培方法です。完熟したら青いうちにさやから出して湯がいてサラダに、乾燥させて煮込みに使うそうです。

世界豆歩き｜レバノン

Lebanon

集落の一般家庭で貯蔵している保存食を見せていただきました。写真のおかん、おそらく60、70代かと思われますが、旬にとれた野菜や果物のシロップ漬け、ジュース、ピクルスなどをたくさん手づくりして、このようにストックしていました。
　ベリージュースのプレゼント、誠にありがとうございます！

地中海沿岸諸国は、料理がとても似ていて、オリーブとレモンを多用します。
　ちなみに、キプロスのおかんはレモン汁を小さなキューブにして冷凍していました。

上・冷凍したレモン汁のキューブ
下・そうめんかぼちゃの砂糖漬け

日本含め世界各地、この世代の女性には敬服します！

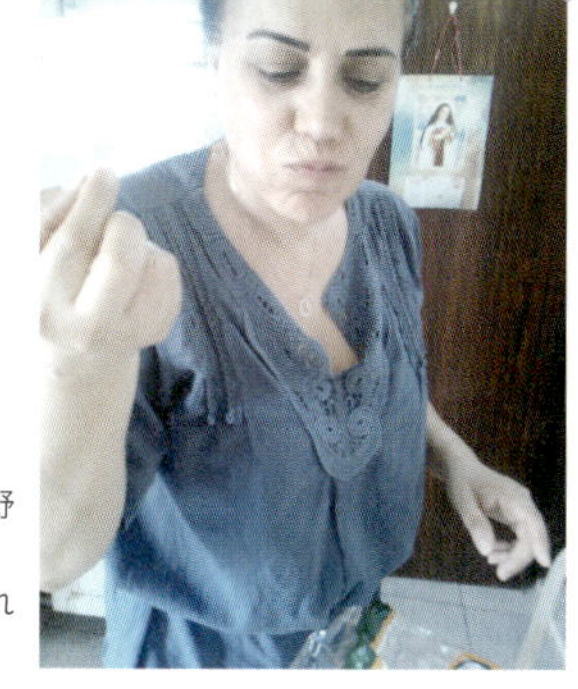

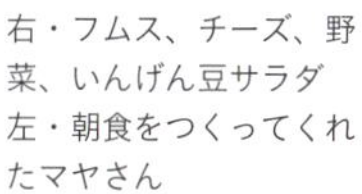

右・フムス、チーズ、野菜、いんげん豆サラダ
左・朝食をつくってくれたマヤさん

レバノンの一般家庭の朝食です。フムスというひよこ豆のペーストは中東ではとてもポピュラーな常備食です。ひよこ豆をペーストし、にんにく、塩で味付けし、オリーブオイルをたっぷりかけチリパウダーを振りかけて食べます。そして豆のサラダ。豆はイスラム教徒の断食中のメインディッシュですが、薄いクレープのようなパンに、このフムス、野菜、チーズ、豆のサラダをはさんで食べます。

若いひよこ豆（左）と乾燥ひよこ豆（右）。若いひよこ豆は、さやから出して、塩ゆでしてそのまま食べたり、サラダにしたり。食べてみると、枝豆に近い風味でした

ひよこ豆のさや

肥沃な三日月地帯に属するレバノンは、ひよこ豆やえんどう豆の原産地といわれるだけあり、ひよこ豆を多食します。

さやが青いのも黄色いのも、さやごとさっと塩ゆでして食べます。どちらも乾燥豆ほど長く煮る必要がないのでフレッシュな味が楽しめます。

ナスとトマトのドライ。ナスは皮だけを干してドルマの材料にとっておきます。ドルマとはトルコの詰めもの料理で、むかしはごちそうだったそうです

26年ぶりのトルコ。イスタンブールは見違えるほど急成長して、垢抜けた都市に変貌していました。

そして、カッパドキアへ。乾燥地域ならではの保存食がたくさんあり、ここで、トルコのおかん料理を伝授してもらいました。ここは、北海道と同じように、冬場はマイナス30度くらいになり厳寒地域。いまでも保存食づくりは女性の仕事。でも、若い人はほとんどやらないようです。

世界豆歩き｜トルコ

Turkey

キョフテはトルコの豆団子。皮なし赤レンズ豆をゆでたなかにブルグル（デュラム小麦を蒸して挽割にしたもの）、サルチャというトルコの発酵トマトペーストを入れて、炒めた玉ねぎ、イタリアンパセリ、万能ねぎを加え、クミン、塩で味付けし丸めたものです。この揚げない豆団子はレモン汁をかけて食べます。

そして、重要なのがサルチャ。これはトマトの発酵調味料であり、トルコのあらゆる家庭料理のベースになります。日本の味噌にあたるでしょうか。ぐちゅぐちゅに完熟したトマトをビニール袋に入れ発酵させてからつぶして仕込みます。水っぽさがなくなるまで天日に干してから、瓶に入れて保存しますが、2、3年もののサルチャは、コクと味に奥行が出て、まるで数年ものの味噌のようでした。

左・トルコの豆団子キョフテ　中・サルチャの製造途中。トマトペーストの天日干し　右・赤レンズ豆

イランのヨーグルトの乾物。ヨーグルトの水を切り、数日置いてできたもの。「大丈夫かな？」と思うくらい、ピリピリの刺激と強烈な酸味がありました。妊婦さんによいとのことでした。

イランのジーンバンクにて。ちょうど穀物国際会議が開催されていました

サスティナビリティやエコシステムに配慮した農家はイランではまだ少数派です。そのため か、例えば豆（うずら豆）30キロは5000円（日本円）で取り引きされ、これはイランのなかでは決して安い価格ではありません。収量は1ヘクタール当たり3・5トン、年間25万トンほど生産されるそうです。ちなみに牛堆肥が使用されるそうです。

世界豆歩き｜イラン

Iran

厳格なイスラム圏。空港に着くや否やスカーフ着用を求められました。ホメインという豆の産地にある豆問屋のスタッフと

豆問屋さん（右）、研究者（なかふたり）といっしょに。試験農場にて

キプロスのおかん料理その2。白いんげんとじゃがいも、人参の煮込み。皮のやわらかい白いんげん、じゃがいも、人参、セロリを煮込み、仕上げにレモン＆オリーブオイル。レモンは必須です

マリアさんとご家族

キプロスの首都リマソル在住、マリアさん（73歳）から家庭料理を教わりました。

　黄色くなりかけたまだ実がやわらかいささげの実をとり、冬瓜とともに煮込み塩で味付け、仕上げにレモン汁とオリーブオイルをかけるというだけの実にシンプルな料理。キプロスではレモンが年中とれるので、マリアさんはしぼり汁をキューブにして冷凍して、この冷凍レモン汁をあらゆる料理に使っていました。

キプロスのおかん料理その1。ささげと冬瓜の煮込み

世界豆歩き｜キプロス

Cyprus

キプロスでいちばん標高の高いトロードス地方に行ってきました。

　キプロスだけ、しかもこの地域だけに自生するスパジィヤという植物がありました！

　フレッシュの葉を煮出して飲むと心臓によいようです。

　写真の男性のママは保存食つくりの達人。おそらくこの世代がほんものを知る最後の世代かと思われます。伝統的習わしが日常生活に根付いていました。

キプロスのトロードス地方にだけ自生するというスパジィヤ

ハム、ソーセージ、ベーコンをスローフード認定の伝統的な製法でつくるアルゴス村へ。燻製と天日干しの2種類があり、燻製は3か月、天日干しは2週間かけてつくります。

最初塩漬けし、そのあと赤ワインに漬けてから天日干しするせいか、臭みがなく、肉の旨味が効いた芳香な風味に仕上がります。もちろん、スローフード認定でした。

この地域は山がちで、冬場は寒く、小規模農家が斜面にフルーツを栽培しています。宮崎県の椎葉村や岩手県や高知県の山間地の農家と似た風景でした。

長い冬のための保存食として、野菜、フルーツの酢漬け、砂糖漬けづくりが、この地域の収穫後の習わしだったのですが、いまや消滅の一途をたどっているそうです。

むかしながらの製法でつくられるキプロスのソーセージ

キプロス島アルゴス村の郷土菓子スジュコス。ナッツを糸で通し、それをブドウを煮詰めたシロップに浸けてコーティングさせては乾かすという工程を何十回も繰り返してつくります

レメソスという町にあるささげ畑。日本の十六ささげに似たさやの長い豆。キプロスでも、とうもろこしといっしょに栽培していました。さやが蛇のようにぶら下がっています。

宿泊しているホテルのシェフからひよこ豆のベジスープのデモンストレーションを見せてもらいました。キプロスではフムス(ひよこ豆のペースト)がポピュラーで、ひよこ豆がよく料理に登場します。煮汁ももちろん大切な材料のひとつ！　日本と違うところは最後に180度のオーブンに3時間入れて味をじっくりしみこませるところでしょうか。

ホテルのキッチンでベジスープのデモンストレーションをするシェフのミカエリデス

世界豆歩き｜コロンビア

Colombia

看板が出ていたので入ったのですが、評判の店だったらしく、ラッキーでした

コロンビア、ボゴタから南へ100キロのビオタという村にて。コロンビアのどぶろくチチャがありました！

チチャとは、とうもろこしをすりつぶし、ハチミツをスターターにして15日間発酵させてできたお酒です。ヨーグルトのような酸味があり、ドロッとしていてアルコール度数は1～2パーセント。米をすりつぶして3日置いてできたマサトという発酵ドリンクもありました。

こうした手づくり発酵飲料はもちろん違法。それでもむかしは家庭でつくられていましたが、最近、ビールに取って代わられてしまったそうです。

ボゴタではヤミの酒場にあるとのことで、行ってみたいといったら、5時を過ぎていたので危ないからと止められ断念。残念。

コロンビアのボゴタから国内線に乗ってキンディオ県アルメニアへ。郊外の農家で在来豆、発見！　なんとコロンビアではいままで見たことのなかったリマビーンがあったのです！　さらに、ここではコーヒー豆の発酵食品も発見しました！

コロンビアのビオタという村の畑というか森で、自分のエンリッケ教授は、数十種類の中南米の作物を栽培している研究者です。写真は、コロンビアのチャチャフルッタと呼ばれる熱帯原産の巨大な豆。本来は家畜のエサだったそうです。エンリッケ教授がこの豆のたんぱく質27パーセントという栄養価に注目し、食用レシピを提案。いまではじわじわと需要も増えてきているそうです。

皮はタンニンが多く苦いのでむき、ボイルまたは素揚げして食べてみたら、じゃがいものようにくせがなく美味でした。むかしの農家は、ボイルしたものをよく食べていたそうです

豆のつる用に糸を張る

ボゴタから車で3時間余りの中山間地の農家を訪問しました。急な斜面に豆を栽培していましたが、この光景、宮崎県椎葉村や高知県大豊町の農地とよく似ているばかりか、山肌にへばりつくように民家が建つ風景もいっしょでした。土地がやせているので有畜農業を営み、その堆肥を肥料に在来の赤いんげん、ボラロッハやじゃがいも、トマトなどやせ地でもとれる作物を栽培しています。この日は豆のつる用に糸を張っていました。

右・生産者のウィルソンさんが手にもつのは在来種ボラロッハ。ボラロッハは紫色の丸い大粒で、日本のさくら豆の大粒版といった感じでした
左・ウィルソンさん宅でいただいた豆と豚肉の煮込み。骨つき豚肉とボラロッハ、キャッサバ、玉ねぎ、長ねぎ、じゃがいも、グリーンピースが入った重い煮込みでした。付け合わせにご飯が盛られていましたが、あくまで付け合わせ。コロンビアの主食はアレッパというとうもろこしのパンです

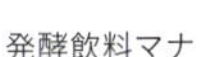
発酵飲料マナ

ウィルソンさんのキッチンにある瓶に入った液体が気になったのできくと、なんとマナという発酵飲料でした。原料は雑穀らしき黄色い小さな粒でしたが名前は不明。数十年切らさずにつくりつづけているというから、ヨーグルトや日本のぬか床的な発酵食品なのだと思います。茶色のほうは黒砂糖と水を混ぜたもの、黄色は原液。原液はたいへん酸っぱく、水と砂糖を入れないととても飲めませんでした。農作業で疲れるとこれを飲むのだそうです。

世界豆歩き ｜ブラジル

Brazil

ブラジルは、ベレンに到着。赤道に近くねっとりとした空気が肌にまとわりつき、蒸し暑い。

農業普及員の紹介で、在来種をもっている小規模農家を訪問しました。

この地区は、病害虫被害を少なくするために、野菜、豆、果物など十数種の作物に関して、その土地にあった在来のものを多種栽培するように指導されてきました。種をまき、収穫し、またその種から作物をつくる——まっとうな農業を営み、生活もいたってシンプル。

ちなみに5人家族で豆を2〜3キロ、毎日食べるとか。ブラジル人に煮た豆は欠かせません。お邪魔した農家の主婦シルビアさんも、my favorite は豆とのことでした。

夜中にサンパウロに到着。寒い。ダウンを着て寝ました。この1週間で熱帯、乾燥地域をめまぐるしく移動。ブラジルは広いのです！

ブラジリアのジーンバンク「エンブラッパ」で、アマゾンの先住民が代々つくっている在来豆を発見。あるはあるは！　10種類以上の豆が、まとめてライマ（リマ）ビーンと呼ばれていました。市場で見かけるものではありませんでした。先住民のあいだでは、これらは、食用ではなく、首飾りの材料になるとのことでした。

これらの豆を見にいくには、片道2日はかかる道なき道を歩かねばならず、調査には往復1週間かかるとのこと。来年はライマビーンを求めて、エンブラッパの研究者とアマゾンの奥地へ行こうと思います！（キッパリ！）

ガスもあるが、薪を燃料にしたかまどが煮炊きのメイン

ナタールより４００キロ離れた農村へ行ってきました。食事のつくり手はなんと旦那様。豆料理はともかく、いちばん印象に残ったのがジンガーというこの地方にしかいない小魚の素揚げ。ラード８に対し植物油２の油で揚げるのですが、ラードが多くてコッテリかと思いきや、ふっくらさっぱり！　裏ワザは、じっくり低温で揚げること。ラードで魚や肉を揚げるときは温度がポイントで、植物油１００パーセントよりもカラリと仕上がるのだそうです。

カリブ海地域でよく食べられている在来豆グァンドゥール

日差しが強い昼間、パチパチ、どこから音がするのかと思いきや、なんと豆が震源地。天日干しのさやの乾燥がマックスに達し、自らねじれ、なかの豆を弾き飛ばす音でした。パチッ、パチッとまるで花火のよう。これは、カリブ海地域でよく食べられている在来豆グァンドゥールです。在来種の豆は種を残そうとするメカニズムが栽培種よりも備わっているためか、時期がきたら、自ら種を遠くに飛ばします。在来種は開花がバラバラなうえ、刈り取る時期が早いと機械で脱穀してもなかなか殻がとれません。これらすべてが「種」として全うしようとする生命力のなせる技。人間の思うようにいかないところが在来種という生き物なのです。

左・パチッ、パチッとはぜる音がきこえる天日干し真っ最中のグァンドゥール
右・グァンドゥールのさや

ＦＡＺＥＮＤＡという遺伝資源を守る団体を取材しました。この団体は、家族間でつくり継がれ守られてきた在来種を継承することを主な目的として設立されました。種の交換会を開くなど地域密着型の活動と併せて、アグロフォレストリーの実験農場をつくり、多様な生物が共生できる環境づくりを推進しています。訪問したときには、とうもろこしと豆を交互に栽培し、その関係を調べているところでした。

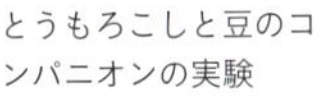

とうもろこしと豆のコンパニオンの実験

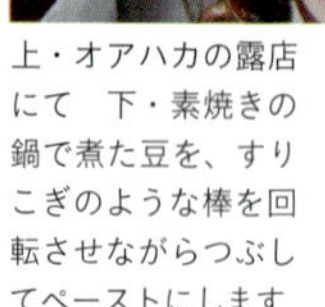

上・オアハカの露店にて　下・素焼きの鍋で煮た豆を、すりこぎのような棒を回転させながらつぶしてペーストにします

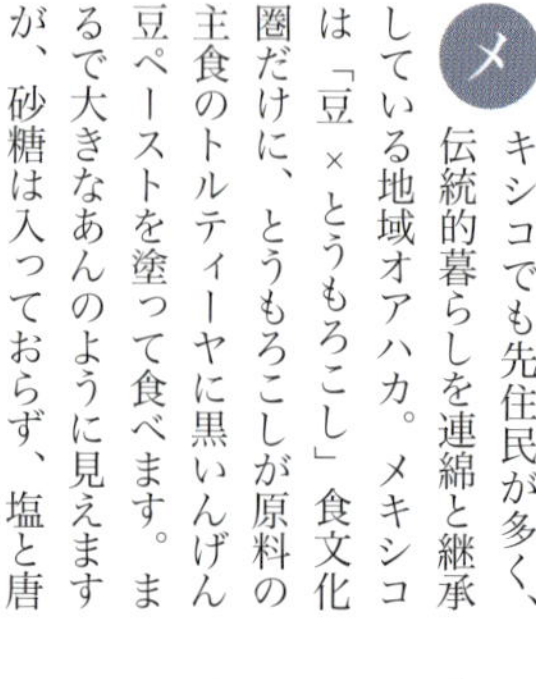

メキシコでも先住民が多く、伝統的暮らしを連綿と継承している地域オアハカ。メキシコは「豆 × とうもろこし」食文化圏だけに、とうもろこしが原料の主食のトルティーヤに黒いんげん豆ペーストを塗って食べます。まるで大きなあんのように見えますが、砂糖は入っておらず、塩と唐辛子の味付けです。

また豆は、オヤという素焼きの鍋で、アナフウレという炭火の釜で煮るのが伝統的な豆の煮方。この方法だと豆がおいしく煮えるから、ガスは使わないとのこと（店主談）。煮た豆にゆでたサボテン、トマト、コリアンダー、チーズをトッピングして熱々を食べるのがオアハカ流。

トルティーヤに黒いんげん豆ペーストを塗り、野菜をトッピング

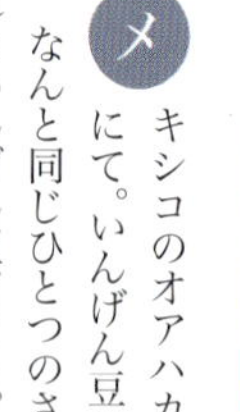

メキシコのオアハカの乾物屋にて。いんげん豆ミックス。なんと同じひとつのさやからとれたいんげん豆だそう。黒いいんげん豆から白いいんげん、赤いいんげんも出てくるとは、不思議です。自然交配で遺伝的に優勢な豆が残っていくのでしょうが、実にミラクル。

世界豆歩き｜メキシコ

Mexico

メキシコの伝統的で代表的な腹もちのよいおやつタマル。ひと晩水に浸けた乾燥とうもろこしをすりつぶし、塩、油（伝統的にはマンテカという豚の脂）を入れて練った生地に黒いんげんのあんを入れてまとめ、とうもろこしの皮で巻いて蒸したもの。タマルの種類は豊富でかつ地域性があり、地方、家庭によって個々のつくり方があるといわれるくらいバリエーションに富んでいます。

左・メキシコの伝統的なおやつタマル。軽食にも　右・メキシコシティで料理を教えてくれたエレナさん 62 歳（右）とお母様ソルさん 72 歳（左）

世界豆歩き｜中国

China

中国東北部、黒龍江省は中国有数の大豆生産地として知られています。

今回は、黒龍江省の中国東北農業大学、大豆の育種研究者ワン・シャオドン教授の大豆調査に同行させていただきました。

黒龍江省は黒土という大変肥沃な土地質ゆえ肥料がほとんどいらないうえ、冷涼な気候のため病害虫被害も少なく農薬散布の必要もないという農産物の栽培にはとても恵まれた環境でした。まさに有機農業の適地。

しかし、黒龍江省に限っていうと、有機農業の需要は一部の富裕層に限られ、中国の一般市民は、農法の如何にはあまり頓着しないようです。北京在住の研究者も同感とのこと。

大型スーパーの品ぞろえを見ても有機食品はなく、扱っている店といえば小規模で、しかも鮮度の落ちた商品が多く、察するに購入者が少ないのではないかと思いました。

中国東北農業大学は大豆の研究において中国一を誇る。黒い土が良質な大豆を実らせます

驚いたのは、中国で消費される大豆の80パーセントに当たる7000万トンは南米からの輸入に頼っているということです。あんな広大な土地がありながら他国の大豆を食べているという不思議な現象の背景には、政治上の外交問題があるそうです。

かつての眠れる大国が近年消費国家に成り代わっているその一面を目の当たりにしました。

とうもろこしの間にいんげん豆を共生させている畑を中国でも発見！　コロンビアで見た光景といっしょでした。日本では高知県の在来種銀不老の産地大豊町の畑で、むかし、とうもろこしと銀不老をこのようにいっしょに栽培していました。豆のつるがとうもろこしに巻きついて成長し、豆は空気中の窒素を固定するので土地が肥えるというwin-winの関係、自然の摂理を農家は経験的に知っていたということです。でも、なぜとうもろこしなのか。究明の余地あり。

中国北東部河北省の省都、石家庄。そこの研究所を訪ねました。写真は、研究所のティエン教授所有の野生種の豆。このあたりは、小豆の原産地といわれる地域だけあり、たくさんの小豆近縁種がありました。

そのなかに、なんと宮崎県の在来種畦小豆のソックリさんがありました！

でも、種皮は酷似しつつもへその形状が小豆とは異なり、日本にない別の学名の豆でした。小豆と緑豆も見た目はうりふたつですが、微妙にへその形状が違うのです。

引っ込んでいるのが緑豆、出っ張っているのが小豆。同じ出っ張っていてもへその長いのが学名「nakushimea」という種。そして、小豆と兄弟姉妹「rice bean」という種もありますが、これも日本にはない豆のようです。

中国での小豆の食べ方は、日本と同じように甘く煮てケーキやパンに入れたり、あんにして蒸しパンに入れたり。

また粥に豆は欠かせません。粥はポピュラーで中国では粥専門店があるくらい粥文化が定着しています。豆などの雑穀、落花生、クコの実、ドライフルーツなどたくさんの具材が入っています。日本との違いはほんのり甘いこと。それは豆の甘煮を入れるから。

朝の屋台では夏でも熱々のお粥が売られていました。

石家庄の研究所のティエン教授が所有している野生種の豆

豆の煮汁。透明ですっきり飲めました。中国人は白湯や豆乳など、飲み物はどんぶりですするように飲んでいました

小豆をふくめ、豆の食べ方で興味深い方法がありました。煮汁飲料です。中国では食事中、水を飲む習慣がなく、その代わり温かい豆乳、白湯を飲みます。写真は研究所の食堂のランチにあった小豆の煮汁。温かい煮汁がこのように水代わりに出てきました。豆はかためで煮汁は澄み、でんぷん質が出ないところで仕上げています。塩も砂糖も入っていない単なる煮汁ですが、口当たりよし。さすが医食同源の国、中国です。

中国人はゲストを片時もひとりにしてはくれず、朝ご飯ですらわざわざホテルまで来てくれていっしょに食べました。おかげで詳細な食情報を入手することができました。

　中国は自国の食文化を連綿と継承していることが、行ってみてよくわかりました。戦後の日本があっけなく洋食に乗っ取られてしまったのとは対照的です。

　これも中華思想から来ているのかどうかは「？」ですが、わたしが泊まった4つ星ホテルの朝食も見事に中国式でした。

　さらに都市に入ると、中華料理のファストフードがあり外資の入り込む余地がないようにも思えますが、きくと欧米化と経済成長が急速に進み、そのひずみで所得格差と環境破壊が著しいと憂えていました。

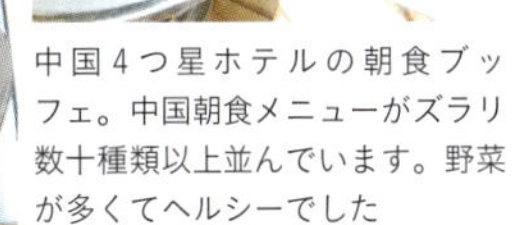

中国4つ星ホテルの朝食ブッフェ。中国朝食メニューがズラリ数十種類以上並んでいます。野菜が多くてヘルシーでした

世界豆歩き｜中国

China

中国・上海田子坊の市場にて、ドリチョスラブラブのさや豆を発見！　乾燥豆の模様がウルトラマンに似ている豆です。炒め物にして食べるようです。ミャンマーやベトナムでもありましたが、中米やブラジル、メキシコではさやは食べないので、これは、アジアならではの食べ方でしょうか。やわらかく、栗いんげんなど日本在来のさや豆よりもあっさりしていました。

NY郊外にある政府管轄のシードバンク、グリーンベルトネイティブプラントセンターへ行ってきました。ここでは、NY近郊の花、木、穀物など野生種、在来種3000種以上が保存されています。毎年、採集される品種は500種以上、それらが、湿度28パーセントで、20度とマイナス15度の2つに分けて保管されていました。

日本でも中国でもそうでしたが、種は紙袋や綿の袋に入れて保管されています。適度な空気と湿度が保たれるからだそう。種は命、生き物、人と同じなのです。

アメリカはモンサントなど遺伝子組み換えを推進する巨大な多国籍企業がある一方、有機農業や小規模農家を支援する団体も多く、これら両極が混在する国がアメリカなのだなあと思いました。

紙袋に保存されていました

世界豆歩き｜ニューヨーク（U.S.A）

New York

NYでは、週に数回、各所でオーガニックマーケットが開かれ、NY近郊の農家が新鮮な食材を直接販売しています。ここにB級品の割れ豆がありました。割れ豆は実がパンパンに入っているから、ちょっとした衝撃で割れてしまうのですが、むしろおいしい豆なのです。そして、エアルームトマト、いわゆる在来種のトマトも発見。

エアルームの定義は2つあり、ひとつは最低でも50年以上自家採取でつくられていること、さらに種の掛け合わせをしていないこと。かたちも色もまちまちですが、NYでは、こうした在来種を好むナチュラル派が多い一方、サプリメントやファストフードに代表される「食べること＝命をいただくこと」からかけ離れた価値観をもつ人も大勢いる不思議な都市です。

ホールフーズ・マーケットで扱う野菜もかたちは不ぞろいでした。日本の野菜は、かたち、大きさ、重さ、品質など、まるで工業製品のように美しくそろって均一性が保たれています。この点ではおそらく世界トップといえるのでしょうが、生き物からすると、かなり無理を強いられ、サイボーグのようにいびつにつくりかえられているような気がしてなりません。

左・B級品の豆500gで300円くらいだからかなりお得　下・オーガニックマーケットで販売されていた在来種のトマト

豆を求めて歩きまくっていると、NY的なるものが見えてきてなかなかおもしろい。

肌で感じたニューヨーカーは、ひとことでいうなら「手っ取り早いもの好き」。よい意味で合理的。その象徴がスムージーです。

野菜、フルーツ、ナッツ、シロップ、シリアルなどなど、栄養バランスを考えながら、手当たり次第にチョイスして飲んでいました。ニューヨーカーは料理嫌いといっていたのもうなずけます。

ジュースプレスにて

スムージーはアメリカではすでに成熟した大きなマーケットをつくり百花繚乱で過当競争の時代に入っていますが、注目株は4年前にできたジュースプレス。ターゲットは美容と健康コンシャスのニューヨーカー。日本と違いいわゆるジムに通う健康と容姿に気を使う男性もねらっており、スタッフもそれ系のイケメンがいて思惑どおり当たっているようで、NYだけで十数店の店舗展開をしています。600ミリリットルくらいで10ドル、1000円前後と高いですが、ばんばん売れているのには驚きました。

ホールフーズ・マーケットに小豆と緑豆の乾燥スプラウトがありました。ローフード食材のひとつでしょう。でも味はいまいち。やはり豆はゆでて食べたい

「raw & vegan & organic」がコンセプトなので、豆はあるかなと探したら、スプラウトで使われていました。ローフード（加熱しない）なのでこの方法しかないでしょう。ホールフーズ・マーケットには、小豆など豆の乾燥スプラウトがありました。ただ、アメリカ人は大豆を煮てそのまま食べることはほとんどなく豆乳、豆腐、テンペなど加工品を好んで食べます。大豆は消化が悪いのとアレルギーが理由で「soy free」の表記をいたるところで見かけました。

実はアメリカでの巨大な大豆市場は油の原料と家畜のエサなのです。

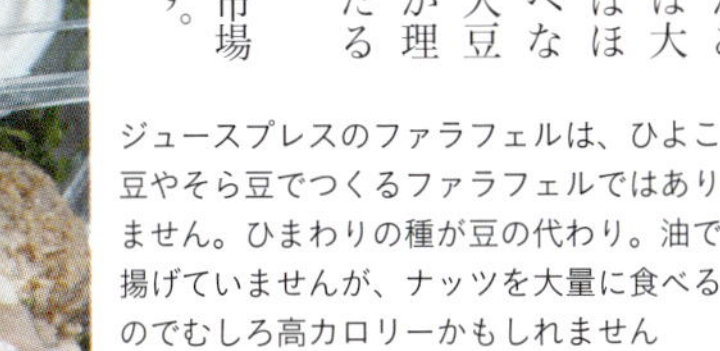

ジュースプレスのファラフェルは、ひよこ豆やそら豆でつくるファラフェルではありません。ひまわりの種が豆の代わり。油で揚げていませんが、ナッツを大量に食べるのでむしろ高カロリーかもしれません

おわりに

「長谷川さん、通帳預かってもらえんかね」

わたしが会社をつくって間もないころ、北海道遠軽で父と取引のある農家をまわっていたときのことだ。

「なんかあったときに頼める人がおらんから」

70代になるその農家の家には年老いた実の姉がひとり身内にいるだけで、信頼のおける人がまわりにいなかったのか、お金の管理というとても個人的で重大な頼みごとを父に乞うていた。

「いやぁ、預かって、なんかあったら責任とれんもの……、やっぱり親戚に頼んだほうがいいんでないかい……」と、父は申し訳なさそうに丁重に断ったが、そのやりとりを見ていると、2人の関係は、豆の売り買いというお金のからむ関係から、長い歳月を経て利害関係を超え信頼でつながる人間関係へと移り変わっていったことを知った。おそらく父に対して尊敬という感情をわたしがはじめて抱いた出来事だった。

もうひとつある。父が40年くらい取り引きしている地元菓子店の長男の結婚式での話だ。仲人でなく身内のひとりとして出席を頼まれた出来事だ。その長男が小さいころ、彼の父親が交通事故で急死してしまった。父親不在のためそのころ頻繁に豆の納品で出入りしていた父によくなつき、父もスキーに連れていったりと父親代わりに可愛がっていろいろ面倒をみたのだろう。当時わたしは父の仕事にまったく興味がなかったので、そうしたことがあったことなど知るはずもなかった。

　この菓子店は、あんをつくるとき在来種の本金時を小豆とブレンドすると傷みにくいという理由で本金時を使っていた。在来種は、在来種にまつわるコトや人、そして自然が織りなす三位一体の関係性のなかで育まれつくり継がれる媒介のようなものではないかと思っている。そして、それはお金を介した「取引」を超え、豊かな人間関係を紡ぎ出す可能性を秘めている。美談にきこえてしまうかもしれないが、在来種によって人と人、人と自然、人とコトにまつわる物語が生まれ、唯一無二のかけがえのない存在として、日常のなかにしっかり根を張って、人と人、人とコト、人と自然をつなぐ。

　その土地の在来種を掘り起こすという試みが、ほころびかけたさまざまな関係を修復し、もう一度立て直すという大きな役割を担っているともいえないだろうか。

　在来種に秘められた未知なる可能性をわたしは信じたい。

べにや長谷川商店　長谷川清美

取材協力一覧

◎敬称略

米・中南米

★アメリカ
Greenbelt Native Plant Center
★ブラジル
田中規子
百合澤将
山本綾子
Rika Higashi
Ana Yumiko Kojima
Brazilian Agricultural Research Corporation
FAZENDA
★コロンビア
Luis Enrique Acero Duarte
Centro Internacional de Agricultura Tropical
★メキシコ
Laura Elena Castro
Sol Monroy
Silvia Bautista

アフリカ

★スーダン
Agricultural Research Corporation(ARC)
Tarig Mohamed Eid Amin
★マラウイ、エチオピア
Centro Internacional de Agricultura Tropical
★ブルキナファソ
International Institute of tropical Agriculture

中東

★レバノン
Basssem Zawaedi
Maya Zawaedi
★イラン
Seed and Plant Improvement Institute(SPII)
Behzad Sorkhi

ヨーロッパ

★イタリア
Polytechnic University of Marche
Gianfranco Romanazzi
Marche Polytechnic University
Bruno Mezzetti
佐々木ヒロト
渡邉啓子
★トルコ
杉本麻衣子
米津ちえこ
★キプロス　Anton Pendondgis
★ポルトガル　Yasuko Machida Garcia
★スペイン　SERIDA
★イギリス　藤原ゆりえ

アジア

★中国
Northeast Agricultural University
Shaodong Wang
Zhai Zhen Zhen
★ミャンマー
Htay Lwin

①36p 北海道幕別町　平譯キクノ
②52p 北海道遠軽町　服部行夫
③82p 秋田県湯沢市
(株)小町の郷　押切宗助
④83p 新潟県　ぼこ豆　平岡タミ
⑤84p 新潟県中魚沼郡　保坂ヨネ
⑥85p 山形県最上郡　荒木タツ子
⑦86p 山形県最上郡　高橋好子
⑧87p 山形県長井市　遠藤マサ
⑨88p 茨城県那珂市　田中ハツエ
⑩90p 茨城県常陸太田市　豊田幸子
⑪91p 茨城県常陸太田市　菊池しづゑ
⑫92p 茨城県常陸太田市　渡邊りん
⑬93p 茨城県常陸太田市　北野京子
⑭96p 群馬県利根郡　須藤カヲル
⑮97p 岐阜県山県市　萩原タエ
⑯98p 埼玉県比企郡　横田茂
⑰99p 埼玉県比企郡
とうふ工房わたなべ　渡邉一美
⑱100p 岐阜県山県市　藤田辰雄
⑲100p 岐阜県山県市　山口修・克己
⑳102p 高知県大豊町　秋山勇、上村良子
㉑103p 高知県大豊町　大利愛
㉒104p 熊本県上益城郡　和田ユイ子
㉓105p 宮崎県えびの市　鬼川直也
㉔106p 宮崎県都城市　藤﨑芳洋
㉕107p 宮崎県椎葉村　椎葉クニ子
㉖108p 沖縄県小浜島　山城貞一、山城ハル
㉗109p 沖縄県石垣島　崎原正子
㉘沓澤有美
㉙埼玉県農林部農業支援課　増山富美子
㉚群馬県利根郡　(有)尾瀬ドーフ　千明市旺
㉛茨城県常陸太田市　北山弘長
㉜茨城県常陸太田市
ビジネスホテル塩原　後藤静子
㉝独立行政法人
農業・食品産業技術総合研究機構
髙橋浩司
㉞高知県大豊町
高知県大豊町産業建設課　山中律
㉟高知県大豊町
(株)大豊ゆとりファーム　大石雅夫
㊱高知県大豊町
大豊地区農漁村女性グループ研究会
㊲茨城県那珂市　ふれあいファーム芳野
㊳沖縄県石垣島　(有)石垣島観光　成底正好
㊴独立行政法人
農業生物資源研究所
遺伝資源センター　友岡憲彦
㊵黒崎浩子

べにや長谷川商店の豆 取扱店リスト

◎豆の種類などの詳細はお店に直接お問い合わせください。

道の駅 望羊中山
TEL：0136-33-2671
北海道虻田郡喜茂別町字川上 345

Wine&Cheese 北海道興農社
TEL：0123-25-8639
北海道千歳市美々
新千歳空港国内線ターミナルビル 2 階

68HOUSE ろばの家
TEL：050-3512-0605
茨城県つくば市天久保 2 丁目 11-1
コーポりぶる 1F

三桝屋 大田原店
TEL：0287-23-6621
栃木県大田原市本町 1-2703-52

cafe 自分発芽
TEL：025-246-9395
新潟県新潟市中央区米山 1-8-26

大地を守る会
フリーダイヤル：0120-158-183（宅配）
千葉県千葉市美浜区中瀬 1-3
幕張テクノガーデン D 棟 21 階

ナチュラルフードスタジオ たまな食堂
TEL：03-5775-3673
東京都港区南青山 3-8-27 1F

福島屋 六本木店
TEL：03-6441-3961
東京都港区六本木一丁目 4-5
アークヒルズサウスタワー B1
※福島屋各店取り扱いあり

カフェマメヒコ 三軒茶屋本店
TEL：03-5433-0545
東京都世田谷区太子堂 4-20-4

ナチュラル・ハーモニー下馬本店
TEL：03-3418-3518
東京都世田谷区下馬 6-15-11
※ナチュラル・ハーモニー各店取り扱いあり

F&F 自由が丘店
TEL：03-5731-5966
東京都目黒区自由が丘 1-31-11
※ F&F 各店取り扱いあり

八百屋 瑞花
TEL：03-6457-5165
東京都新宿区神楽坂 5-20

自然村有限会社
TEL：03-5927-7787
東京都練馬区関町北 2-33-12

ポランオーガニックフーズデリバリ
POD-KIVA 青梅店
TEL：0428-24-6089
東京都青梅市河辺町 10-3-11
※ POD 各店取り扱いあり

カフェ & レストラン にんじん
TEL：052-629-7271
愛知県名古屋市緑区大高町平子 36
南生協病院敷地内

くるみの木 cage
TEL：0742-20-1480
奈良県奈良市法蓮町 567-1

楽天堂・豆料理クラブ
TEL：075-811-4890
京都府京都市上京区下立売通七本松西入
西東町 364-14

まちのシューレ 963
TEL：087-800-7888
香川県高松市丸亀町 13-3
高松丸亀町参番街 東館 2 階

つぶつぶネットショップ
TEL：089-908-8842
愛媛県松山市南江戸 4-8-28

ナチュラル & ハーモニック ピュアリィ
TEL：096-323-1551
熊本県熊本市中央区中唐人町 15

ティア 土に命と愛ありて 熊本本店
TEL：096-363-8081
熊本県熊本市中央区本山町 143-4

ぶどうのたね 隣りの売店
TEL：0943-77-6360
福岡県うきは市浮羽町流川 333-1

べにや長谷川商店について

べにや長谷川商店は、北海道遠軽町で初代長谷川茂により 1926 年に創業しました。

以来、現在まで北海道産の豆類を販売しています。

特に力を入れているのは、農家が何代にもわたり自家用につくっている在来種の豆。

遠軽町では2代目長谷川清繁が代表を務め、創業時から取引をしている農家に在来種の豆の蒔き付けをお願いするなどの生産調整をおこなっています。

2001 年には販路拡大のため、長谷川清美が販売会社として有限会社べにやビスを神奈川県横浜市に設立。

営業拠点として料理教室やイベントの運営など全国へ活動範囲を広げています。

● べにや長谷川商店
TEL：0158-46-3670
北海道紋別郡遠軽町大通南２丁目
● べにやビス
TEL：045-909-5527
神奈川県横浜市青葉区美しが丘 5-34-1-404
● ホームページ
http://www5c.biglobe.ne.jp/kiyomi65/beniya/
● Facebook
https://www.facebook.com/beniya.bis

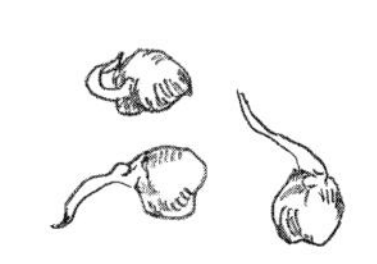

2015年2月27日　第1刷発行

著　者　べにや長谷川商店（長谷川清美）
発行者　伊藤 滋
発行所　株式会社 自由国民社
〒171-0033 東京都豊島区高田3-10-11
TEL：03-6233-0781（営業部）
03-6233-0788（編集部）
FAX：03-6233-0791

編集執筆協力　長尾美穂
撮　影　佐々木義仁
ブックデザイン　白畠かおり
イラストレーション　山口イラスト制作室（山口 愛）
編集協力　朝日明美　近藤みとの

印　刷　大日本印刷株式会社
製　本　新風製本株式会社